Alfred Gottwaldt

Deutsche Bahnhöfe

500 Ansichtskarten von 1900 bis 1945

Orell Füssli

Dank des Verfassers

Die Anregung zu diesem Buch und dem damit unternommenen Versuch, den Blick zu öffnen auf ein bisher wenig behandeltes Gebiet der Eisenbahngeschichte, verdanke ich dem langjährigen Herausgeber der Zeitschrift LOK-MAGAZIN, Karl-Ernst Maedel. In Gesprächen mit Erhard Born hat das Buch den hier vorgelegten Aufbau erhalten. Eine Fülle von alten Ansichtskarten steuerten Heinz Czallner, Dierk Lawrenz und Peter Pekny bei, während Erich Frädrich, Hermann Hoyer, Mihály Kubinszky und Manfred Sandtner bereitwillig die noch verbliebenen Lücken in unserer Sammlung zu stopfen halfen. Die Mitarbeiter des Museums für Verkehr und Technik in Berlin gaben gern Auskunft auf die vielen Fragen, die bei der Zusammenstellung einer solchen Dokumentation eine Antwort erfordern. Die Anfertigung des Registers besorgte Frau C. Lange. In dem Gefühl der Verbundenheit, das gemeinsame Interessen und Bemühungen schaffen, sage ich ihnen allen von Herzen Dank. An den Leser sei die Bitte gerichtet, uns mitzuhelfen bei der Ermittlung von Architektennamen und bei einer noch genaueren Datierung der einzelnen Bahnhofsbauten, denn nur die Baugeschichte der größeren Stationen ist bisher hinreichend erforscht.

A. G.

Lektorat: Armin Ochs
Herstellung: Peter Schnyder und Walter Voser

Grafik: Heinz von Arx, Zürich
Satz: B&K Offsetdruck, Ottersweier
Lithos: Horsiberger AG, Niederglatt
Druck: Orell Füssli Graphische Betriebe AG, Zürich
Einband: Buchbinderei Burkhardt AG, Zürich
Printed in Switzerland
ISBN 3 280 01447 6

INHALT

Einleitung:

Von Bahnhöfen und alten Postkarten

Wie war das denn damals in der Zeit zwischen der Jahrhundertwende und dem Ersten Weltkrieg? Ansichtskarten gab es von jedem kleinen Dorf, und die dunklen Bildchen darauf zeigten so oft das Kriegerdenkmal von 1870/71, die Kolonialwarenhandlung von Emil Knoll und — den Bahnhof! Gewiß, auch Rathaus, Postamt und Kirche waren häufig und in wechselnder Zusammensetzung für würdig befunden worden, die Ansichtskarten zu schmücken, doch Kaufladen und Bahnstation liefen ihnen leicht den Rang ab: Das waren die Plätze, an denen man Bildpostkarten kaufen konnte, nämlich beim Krämer und in der Bahnhofsrestauration.

In den größeren Städten mit ihren entsprechend eindrucksvolleren Bahngebäuden ließen sich am Kiosk oder beim Bahnhofsbuchhandel meist sogar mehrere Ansichten des Hauptbahnhofes erstehen, deren Beschriftung und Versand die Wartezeit auf den Anschlußzug zu verkürzen vermochten. Kostete das Porto vor 1918 noch 5 Pfennig, so waren die Karten in der Regel für einen Groschen zu haben. Sogar Ansichtskarten-Automaten für den stets eiligen Eisenbahnreisenden hatte man auf einzelnen Stationen aufgestellt. Schließlich war der Bahnhof damals noch unangefochten das Tor zu jeder Reise. „Wer reist, der schreibt", hieß es einmal, und Grüße an die Daheimgebliebenen oder die Vorankündigung beim nächsten Reiseziel sind die typischen Botschaften solcher Karten, für mehr reichte selten der Platz.

I. Ein Gruss von der Reise

Die alte Ansichtskarte, auf der ein Bahnhofsgebäude abgebildet ist, beschäftigt uns als Dokument und als Sammlerobjekt heute intensiv. In diesem Buch sind über fünfhundert solcher Bildpostkarten aus der Zeit zwischen der Jahrhundertwende und dem Zweiten Weltkrieg zusammengestellt, die ein Kaleidoskop der deutschen Städte und Landschaften ergeben: Bahnhöfe, die in dem Jahrhundert zwischen 1840 und 1940 in einer Fülle von Stilen und Techniken gebaut worden sind, wurden in höchst unterschiedlichen Sichtweisen zwischen 1895/1900 und 1940/45 auf einem Stück Karton von 14,8 x 10,5 cm Größe wiedergegeben. Es lohnt sich, die Wandlungen im Bau der Bahnhöfe und die Geschichte dieser Bildpostkarten einmal näher zu betrachten.

Die beiden Themenbereiche „Ansichtspostkarte" und „Bahnhofsbau" hängen enger zusammen, als es auf den ersten Blick erscheint: Die Hochblüte der Bildpostkarte ab 1895, die sich — hier gehen die Ansichten auseinander — vielleicht schon 1918, spätestens aber 1939 ihrem Ende zuneigte (selbst heute erreichen wir die Mengen der Jahrhundertwende nicht mehr), verlief parallel zur großen Zeit der Eisenbahn: Deutschland wuchs zum hochindustrialisierten Land heran, das ein dichtes Kommunikationsnetz für Personen, Güter und Nachrichten benötigte. Noch hatte der Zug nicht die Konkurrenz des Automobils, noch hatte das geschriebene Wort in Brief und Karte die Konkurrenz des Telefons nicht zu fürchten. Die Kleinbahnen erschlossen zu dieser Zeit das flache Land Pommerns ebenso wie die engen Täler des Erzgebirges, die Sommerfrische am Königssee wie die letzten Fabrikvororte von Berlin.

Diese Erkenntnis ist gewiß nicht neu. In jüngerer Zeit hat besonders Horst-Werner Dumjahn, „Bahnhöfe im Spiegel alter Postkarten" (Hildesheim 1976), eine erste, knappe und internationaler gehaltene Einführung in das Thema der Bahnhofspostkarten gegeben, ohne jedoch die einzelnen Bauwerke näherer Beschreibung zu unterziehen. Auch Werner Sonntag, „Gruß von der Bahn" (Stuttgart 1978), widmet sich dem Bahnhof als einem Thema der vielen Postkarten, die das Eisenbahnwesen zeigen, und räumt ihm neben Expreßzügen, Lokomotiven, Viadukten und Brücken, Tunneln und Bergbahnen, Trajektfähren und Unglücken sowie den Bildern aus dem Zugabteil einigen Raum ein.

Das vorliegende Buch baut auf diesen Vorarbeiten auf und versucht nun, durch die Beschränkung auf Ansichten von Bahnhöfen der Eisenbahnen in dem Gebiet des Deutschen Reiches vor 1918 zu einem möglichst repräsentativen Querschnitt durch das Thema zu gelangen. Dieser Überblick liefert Beispiele aus allen

Zur Einführung in unser Thema eine typische „Ansichtspostkarte vom Dorf" mit den drei Elementen: Kolonialwarenladen, Bahnhof und Kriegerdenkmal, verkauft um 1920 im Laden von H. Heidmann zu Jübar in der Altmark. Hier handelt es sich zudem noch um den Bahnhof einer Kleinbahn, der regelspurigen „Kleinbahn-AG Bismark–Gardelegen–Wittingen". Ihre Strecken erschlossen das Gebiet nördlich der Staatsbahnlinie von Stendal nach Oebisfelde. Und Jübar liegt an dem erst 1911 eröffneten Abschnitt der Kleinbahn zwischen Rohrberg und Zasenbeck – alles Orte und Bahnstationen, die selbst der Eingeweihte kaum kennt. Landwirtschaftliche Produkte bildeten die Haupteinnahmequelle dieser 1971 stillgelegten Bahn; eine Erinnerung ist diese Karte.

Die Kartenbilder in dieser Einleitung sollen erst einmal typische Vertreter des Themas vorstellen: Der „Gruß aus . . ." ist der klassische Ansichtskartentext der Zeit vor der Jahrhundertwende, und solche meist als Lithografien gedruckten „Kleingrafiken" sind unter Sammlern hoch angesehen, auch wenn man nicht wie bei einer Fotografie jedes Detail originalgetreu erkennen kann. Als diese Karte vom Hauptbahnhof Dresden im Mai 1899 abgeschickt wurde, war der Bau erst ein rundes Jahr im Betrieb. Der Bildausschnitt mit dem kreisförmigen Rahmen links erinnert ein wenig an die Form des Eisenbahnsignals, und die Beschriftung auf der Bildseite ist typisch für die Epoche vor 1905, als die Post Mitteilungen auf der Anschriftenseite noch nicht erlaubte.

„Als die Ostbahnstrecke von Berlin nach Schneidemühl gebaut wurde, da kreuzte sie die Strecke Stargard — Posen an einer menschenleeren Stelle. Es entstand die Bahnhofsanlage Ostbahn-Kreuz, an deren Stelle heute der Ort Kreuz liegt", so schrieb Walter Fürst in seinem Buch „Weltreich der Technik", das 1924 erschienen ist. Die Ostbahn als eine der ersten preußischen Staatsbahnen baute um 1850 ihre Empfangsgebäude noch im klassizistischen Stil. Diese lithografische Grußkarte mit ihren zarten Farbtönen wurde ebenfalls 1899 versandt; sie zeigt außerdem das Postamt und die Bahnhofstraße als charakteristische Bestandteile solcher alten Karten. Näheres über den Bahnhof von Kreuz im Kapitel „Pommern und Westpreußen".

Eine weitere lithografierte Karte aus der Zeit kurz vor 1900, und zwar von der „Königlichen Militär-Eisenbahn" im Süden von Berlin, die als Übungsstrecke der Verkehrstruppen und zur Fahrt nach den Kasernen um Kummersdorf angelegt worden war, zugleich aber auch dem öffentlichen Verkehr diente. In dieser Zeichnung des Sergeanten Pertermann sind der Militärbahnhof Schöneberg (1875, 1897 erweitert), Jüterbog (1897), Sperenberg (1875) und Jänickendorf (1897) inmitten einer Welt aus Säbel, Eichenlaub, Reichsflagge, Pickelhaube und Flügelrad dargestellt. Die Karte wurde am 26. August 1900 verschrieben. Ende 1918 ging die Militärbahn in Verwaltung der Staatsbahndirektion über.

unterschiedlichen Regionen, denn häufig spiegelte sich in den Bahnhöfen der Baustil der einzelnen Landschaften wider, und schildert zugleich die Fülle von fünfhundert Lösungen zu der architektonischen Aufgabe, die damals viele tausend Male gelöst werden mußte: der Bahnhof einer kleineren oder größeren Ortschaft. Zur Zeit der größten Ausdehnung des Streckennetzes 1918 besaßen die deutschen Eisenbahnen nicht weniger als 13000 Bahnhöfe und Haltepunkte, von denen viele im Lauf der Jahrzehnte einmal oder gar mehrfach einen Neubau ihres Empfangsgebäudes erfuhren.

II. Der Bahnhof

Zur Schilderung dieser Entwicklungen ist das Werk in drei Teile gegliedert: Zunächst wird der Westen, also das Gebiet der heutigen Bundesrepublik, von Nord nach Süd durchreist, und zwar in nach Ländern und Provinzen getrennten Kapiteln. Im zweiten Teil sind die Ansichtskarten aus dem Gebiet der heutigen DDR zusammengestellt, wie sie sich rund um Berlin in Form mehrerer Touren durch das Land zusammenfassen ließen. Den Schluß bilden die Bildpostkarten aus den ehemals deutschen Ostgebieten, wieder nach Provinzen zusammengefaßt. In diesen Landschaften haben im Berichtszeitraum deutsche Eisenbahngesellschaften und Verwaltungen die Bahnhöfe erbaut und betrieben; ausgespart blieben — bis auf zwei Ausnahmen — die Bauten der Reichseisenbahnen in Elsaß-Lothringen zwischen 1871 und 1918, die durchaus eigener Betrachtung wert sind.

Überall in diesen Gebieten war seit der verbreiteten Einführung der Ansichtskarte nach 1895 ein findiger Gewerbetreibender zur Stelle, um für seine Abnehmer — und damit auch für die Nachwelt — die „Partie am Bahnhof" oder das Dörfchen „total" abzubilden. Viele dieser Motive sind im Lauf der Geschichte immer wieder neu auf Postkarten erschienen, bei kleineren Ortschaften und Stationen konnte es auch über ein Jahrzehnt dauern, ehe die Auflage von vielleicht tausend Stück restlos ausverkauft war. Veränderungen an den Gebäuden, an den Bahnanlagen und Schienenfahrzeugen, am Habitus der Reisenden und Bahnbediensteten lassen sich hier oft erkennen und machen den Reiz einer Karte aus. Zugleich erklärt sich daraus, daß es keine Schwierigkeiten macht, alte Ansichten von Köln, Leipzig oder Hamburg zu finden, während Bildpostkarten der Bahnhöfe von Nidda, Weilheim oder Schneverdingen wesentlich seltener sind.

Bezüglich der Grundrißbildung sind die Kopf-, Durchgangs-, Keil- und die Inselform zu unterscheiden, je nachdem die Hauptgleise stumpf endigen, durchgehen, von zwei Richtungen keilförmig zusammenlaufen oder die Bahnsteige nebst Gebäuden allseitig umschließen. Kopfstationen sind anfangs in Deutschland oft angelegt worden, indem man eine Weiterführung über den als Endstation gedachten Bahnhof hinaus oder eine Verbindung mit andern Bahnlinien nicht voraussah. Bei der zunehmenden Verdichtung des Eisenbahnnetzes wurden jedoch solche Kopfstationen wegen der damit verbundenen Betriebserschwerungen, meist durch Um- oder Neubauten ersetzt. Nur an ausgesprochenen Endpunkten großer Bahnsysteme und in einzelnen Großstädten auch als Knotenpunkte zusammenlaufender Bahnen hat man bei neuen Ersatzbauten die Kopfform beibehalten, wenn die örtlichen Verhältnisse andernfalls eine zu große Entfernung des Bahnhofs vom Innern der Stadt bedingt haben würden. Als hervorragendste Beispiele deutscher Kopfstationen sind zu nennen: der Anhalter Personenbahnhof in Berlin, München, Frankfurt a. M. Die Kopfbahnhöfe zu Braunschweig, Kassel, Stuttgart, Heidelberg u. a. sind bisher in ihrer ursprünglichen Grundform beibehalten, obwohl sie heute einem lebhaften Durchgangs- und Knotenpunktverkehr zu dienen haben.

Die Durchgangsform mit Vorgebäude, d. h. einseitig neben den Gleisen (seltener beiderseits) gelegenem Empfangsgebäude, einem Haupt- und einem Zwischenbahnsteig, seltener mit beiderseitigen Außensteigen, ist die für Zwischenstationen allgemein übliche. Dieselbe Form, durch mehrfache Wiederholung des Zwischensteigs, auch wohl durch Hinzunahme eines Außensteigs erweitert, findet auch Verwendung für den Zusammenlauf mehrerer Linien, namentlich wenn dieselben alle oder größtenteils weitergeführt sind. Während man in solchen Fällen früher allgemein die Überschreitung der Schienen durch das Publikum von einem zum andern Bahnsteig zuließ, wird neuerdings bei lebhaftem Verkehr großer Wert gelegt auf die Anlage schienenfreier Zugänge zu den Bahnsteigen und dem Gebäude. Zugleich wird mittels Hochlegung der Bahn schienenfreie Kreuzung mit den Straßenzügen durch Unterführung der letztern erzielt. Eine Überführung der Straßen bedingt wegen der erforderlichen größern Durchfahrthöhe der Eisenbahnfahrzeuge einen erheblich stärkern Höhenunterschied, mithin längere Steigungsrampen für die Straßen und namentlich weit höhere Treppenanlagen für die Fußgänger zwischen den Bahnsteigen, als dies für die verhältnismäßig niedrigen Fußgängertunnel unter den Gleisen der Fall ist. Als Beispiele dieser Form für größere Knotenpunktstationen neuerer Zeit mögen die folgenden genannt werden: Hannover, Straßburg, Mainz, Berlin Schlesischer Bf., Charlottenburg, Bremen und Münster.

So wie es unter den Bahnstationen in Deutschland bekannte und weniger bedeutende gab, so sind unter den Ansichtskarten mit Bahnhofsmotiven heute ausgesprochene Massenware und auch sehr seltene Stücke zu finden. Hierbei spielen die Größe einer Stadt und ihre Bedeutung im Reiseverkehr die wichtigste Rolle. Von dem Berliner Stadtbahnhof Friedrichstraße, eröffnet 1882, wurden sicherlich Millionen von Bildkarten versandt, und viele Sammler besitzen davon ein Exemplar. Die Qualität der Drucke war recht unterschiedlich; der hier gezeigte Lichtdruck (etwa 1910) gehört zu den klarsten Wiedergaben seiner Zeit. Im Bahnhof lagen alle Bahndiensträume unterhalb der Gleise. Rechts im Haus Friedrichstraße 35: „Aschingers Bierquelle".

Diese etwas dunkel ausgefallene Lichtdruckkarte, die kurz vor dem ersten Weltkrieg in Wustermark bei Berlin zum Verkauf gelangte, zeigt das andere Extrem: sehr seltene Ansicht einer kleinen Vorortstation, noch dazu mit am Bahnsteig qualmender Lokomotive (Gattung T 11). Das Bauwerk, an der 1871 eröffneten Bahn von Spandau nach Lehrte gelegen, trägt die typischen nüchternen Züge der preußischen Fabrikarchitektur. Bemerkenswert gut sichtbar sind die vergitterten Fenster der Fahrkartenausgabe unter dem Balkon (links), die Bude an der Sperre und der Briefkasten am Bahnsteigzaun. Auch die niedrige Lage der Bahnsteige und der Bohlenüberweg fallen auf. Der Zug trägt ein Laufschild nach „Berlin Lehrter Bhf".

Die erste Eisenbahn in Preußen wurde 1838 zwischen Berlin und Potsdam eingerichtet, und bereits zwanzig Jahre später galt der ursprüngliche „Potsdamer Bahnhof" als zu klein: Endlich, in den Jahren 1868 bis 1872, entstand dieser Neubau nach Plänen von Weise, Doebner und Sillich im Stil der Neurenaissance, hier in einer Postkarte um 1914. Links noch der Friedhof der Dreifaltigkeitsgemeinde, der erst 1924 aufgehoben wurde. Als Baumaterial hat man Ziegel aus Greppin und viele Sandsteinblöcke verwendet. In der Betriebsabwicklung handelte es sich eigentlich um zwei getrennte Seitenbahnhöfe für Ankunft und Abfahrt, die hinter einer Stirnfassade zusammengefaßt waren.

Eine besonders schöne „Gruß aus ..."-Karte mit dem 1875 eröffneten Bahnhof und „Michaels Restaurant" konnte man um 1900 in Langenwolmsdorf erstehen. Der Ort liegt unweit von Neustadt in Sachsen an der Bahnlinie nach Dürröhrsdorf und Pirna im Norden der Sächsischen Schweiz; auch eine Station „Langenwolmsdorf Mitte" hat es da noch gegeben. Große Verkehrsaufgaben wird dieser liebliche Landbahnhof der Sächsischen Staatsbahn kaum bewältigt haben, und entsprechend schlicht ist das Empfangsgebäude ausgefallen.

Im romantischen Stil, der um die Mitte des vorigen Jahrhunderts alte Stilelemente aus der Zeit der Schlösser und Burgen für die Fassaden der Bahnhöfe wieder aufgriff, wurde auch der Hauptbahnhof von Kassel gestaltet. Die Front erinnert an den alten Hauptbahnhof von München, der kurz vorher fertiggestellt worden war. Der Bahnhof Kassel wurde 1852 - 1856 als Gemeinschaftsanlage der Hessischen Friedrich-Wilhelms-Nordbahn, der Hannoverschen Südbahn und der Main-Weser-Bahn gebaut. Er hat stets allen Ansprüchen genügt; 1900 wurde er äußerlich geringfügig umgestaltet in den Zustand, den die Ansichtskarte zeigt. Wie München wurde er im Zweiten Weltkrieg zerstört; zwischen 1956 und 1961 entstand hier ein moderner Zweckbau.

Der neue Hauptbahnhof in Leipzig, ein gewaltiger Gemeinschaftsbau von Preußischer und Sächsischer Staatsbahn unter Beteiligung von Postverwaltung und Stadt Leipzig, hatte über ein Jahrzehnt Bauzeit. An dem Architekturwettbewerb von 1906 beteiligten sich insgesamt 76 Baumeister, ehe der Entwurf von Lossow und Kühne (siehe Seite 221) das Rennen machte. Diese gezeichnete Karte, eine Lithografie, ist schon vor der Fertigstellung der östlichen (sächsischen) Hälfte angefertigt und gedruckt worden, nachdem 1912 die Westseite in Betrieb gegangen war. Der Kartentext nennt die Baukosten und erklärt das Bauwerk mit seinen 26 Bahnsteiggleisen zum größten Bahnhof Europas.

Die Keilform ist Grundform für den Zusammenlauf zweier Bahnen, also für die einfache Trennungsstation, indem sie an der offenen Basis des Keiles (gleichviel ob derselbe die ursprüngliche Dreiecksgestalt beibehält oder durch Verlängerung zum oblongen, einerseits zugespitzten Rechteck umgestaltet ist) einen sehr geeigneten Platz für das Empfangsgebäude und dessen Zugang darbietet. Beispiele, bei welchen die Keilform des Grundrisses deutlich hervortritt, bieten die Bahnhöfe von Hameln (für 4 Bahnarme), Dirschau (4 Arme), Pasewalk (4 Arme) und Neunkirchen bei Saarbrücken. Allgemein üblich ist die zum langen Rechteck ausgedehnte Keilform mit Zufahrt an einer Giebelseite des Empfangsgebäudes und meistens mittels Unter-, seltener Überschreitung beider Bahnarme an der Wurzel des Keiles. Diese Form ist namentlich bei Zusammenführung mehrerer Linien und bei Kreuzungsstationen zur Anwendung gelangt, wobei dann die Kreuzung der Hauptgleise außerhalb der Station durch Überbrückung bewirkt wird. Solche Stationen werden oft als Inselbahnhöfe bezeichnet, weil das Hauptgebäude nicht ohne Kreuzung von Gleisen zu erreichen ist. In der That wird durch solche Anlage die Möglichkeit geboten, auch am Wurzelende des Keiles Gleisverbindungen (Nebengleise) zu Übergangsbewegungen ec. zwischen beiden Bahnarmen herzustellen, also die Bahnsteiganlage allseitig mit Gleisen zu umschließen. An der Betriebsart des ursprünglichen Keilbahnhofs wird dadurch jedoch nichts geändert, solche Anlagen werden deshalb folgerichtig als Inselbahnhöfe mit Keilbetrieb bezeichnet. Sie kennzeichnen sich dadurch, daß das Empfangsgebäude mit dem Hauptbahnsteig die Bahnen voneinander scheidet, so daß jede der beiden Bahnen eine Seite mit Bahnsteigen ganz für sich hat, daher die Form besonders geeignet für getrennte Verwaltung erscheint.

Beispiele von Kreuzungs- und Knotenpunktstationen dieser Art bieten Guben, Kottbus, Kohlfurt, Görlitz, Saarbrücken, Wittenberg, Duisburg und namentlich Halle a. S.

Behufs Erzielung kürzesten Zuganges zum Inselgebäude und den Bahnsteigen ist neuestens (besonders bei den preußischen Staatsbahnen) mehrfach ein Straßentunnel vom Vorplatz aus hinzugefügt, auch dessen Eingang mit Vorgebäude verbunden, welches die Räume für die Fahrkartenausgabe, Gepäckabfertigung und Zubehör aufnimmt, während dem Inselgebäude in Bahnsteighöhe nur die Warteräume nebst Restauration und Zubehör sowie die Diensträume für Bahnhofsaufsicht und Bahntelegraph verbleiben. Die Gepäckbeförderung zu den Bahn-, bez. Gepäcksteigen erfolgt unmittelbar vom Vorgebäude aus mittels Gepäcktunnel und Aufzügen. Die Zufahrtstraßen zur Giebelseite des Gebäudes können dann wegfallen. Beispiele dieser Verbindung der Durchgangs- und der Inselform bieten Hildesheim (1884), Düsseldorf (1891) und Erfurt (seit 1890 im Bau), auch der mit andrer Betriebsart im Bau begriffene Zentralbahnhof Köln. Der Raum an beiden Giebelseiten des Inselgebäudes kann zur Einführung stumpf endigender Gleise an Zungensteigen dienen, so daß eine Reihe weiterer Bahnlinien oder Züge in den Bahnhof eingeleitet werden kann. So zeigt der Bahnhof Düsseldorf jederseits 4 auf Drehscheiben endigende Hauptgleise zwischen den Durchgangsgleisen, der Bahnhof Köln einerseits 4, anderseits 3 solcher stumpf endigenden Bahnsteiggleise.

Bei dem Richtungs- oder Inselbetrieb scheidet der Hauptbahnsteig die Fahrrichtungen, so daß auf jeder Seite des Inselgebäudes nur eine Fahrrichtung vertreten ist. Solcher Art ist der Bahnhof Lehrte bei Hannover in seiner jetzigen Gestalt, ferner der in Ausführung begriffene Zentralbahnhof Köln mit Schienenkreuzungen der Hauptgleise. Solche können aber bei dieser Betriebsart vermieden, überhaupt fast alle Gefahrstellen beseitigt werden. Sie ermöglicht daher die denkbar größte Betriebssicherheit.

Eine andre, sehr häufige Verbindung von Durchgangs- und Kopfgleisen ergibt sich bei Einführung dieser Endgleise außerhalb der Durchgangsgleise (meist vor denselben an der Stadtseite). Beispiele bieten Hagen, Halberstadt, Westend der Berliner Stadtbahn u. v. a. Bei den Berliner Stadtbahnhöfen sind die Zugänge zu den (als Inseln zwischen die zusammengehörigen Hauptgleise eingeschobenen) Bahnsteigen mittels Treppen zum Teil von den Langseiten, zum Teil aber auch von der Querseite, d. h. von den die Bahn kreuzenden Straßenunterführungen aus, angeordnet. In diesem Falle ergibt sich unter Umständen eine sehr zweckmäßige Zugänglichkeit der Bahnsteige, indem das Publikum ohne alle Richtungsänderung vom Eingang aus am Fahrkartenschalter (und Gepäckannahme) vorbei geradeswegs mittels der Treppe zum Bahnsteig gelangt.

Was ist das überhaupt, ein Bahnhof? Die Fahrdienstvorschrift der Staatsbahn nennt so alle Bahnanlagen mit mindestens einer Weiche, wo Züge beginnen, enden, ausweichen oder wenden dürfen, und grenzt den Bahnhof so vom Haltepunkt und der Blockstelle ab. Diese Begriffsbestimmung bezieht sich nun freilich nur auf den Betriebsdienst im engeren Sinne. In Meyers Konversationslexikon, 5. Auflage (Leipzig 1890), finden wir die folgende ausführliche Darstellung: „Bahnhof, die Örtlichkeit für den öffentlichen Verkehr zwischen Eisenbahn und Publikum und zugleich für die Erledigung der Geschäfte des innern Betriebsdienstes. Die Bestandteile der Bahnhöfe oder die Bahnhofsanlagen gliedern

Noch einmal der Hauptbahnhof von Leipzig, hier nun aber in einem völlig anderen Typ von „Bahnhofspostkarte": Der Ort wird nicht genannt, weil die Reisebotschaft „Ich komme!" im Vordergrund steht. Abfahrbereit steht eine Dampflock der Gattung P1 0, die Maschine 39078 vom Bahnbetriebswerk Leipzig West, am Bahnsteig. Masten für die Oberleitung des elektrifizierten mitteldeutschen Netzes sind vor den Bogen der aus sechs Schiffen bestehenden Halle zu erkennen. Zusammen mit zwei kleineren seitlichen Gewölben hat die Anlage eine Breite von 295 m und eine Länge von 200 m. Der Stahlbau wurde 1912 - 1915 nach Plänen von Eilers und Karig ausgeführt. Postkarte um 1935.

Nicht nur von wirklich vorhandenen Bahnhofsgebäuden finden sich Ansichtskarten, sondern auch Projekte wurden mit der Reichspost verbreitet: Als 1901 der Wettbewerb zum Neubau eines Hamburger Hauptbahnhofes unter 19 namhaften Architekten beendet war, erhielt dieser Plan des Altonaer Direktionsmitgliedes Ernst Moeller einen der beiden Preise von 8000 Mark. Hier liegen neuromanische Gebäude, wie sie damals auch im Hauptbahnhof Altona verwirklicht worden sind, quer über dem Einschnitt mit den Gleisen und vor einer dreischiffigen Halle. In der Folge zog man aber einen Entwurf von Reinhardt & Süssenguth vor, der indes noch mehrfach überarbeitet werden sollte. Karte gestempelt am 26. April 1901.

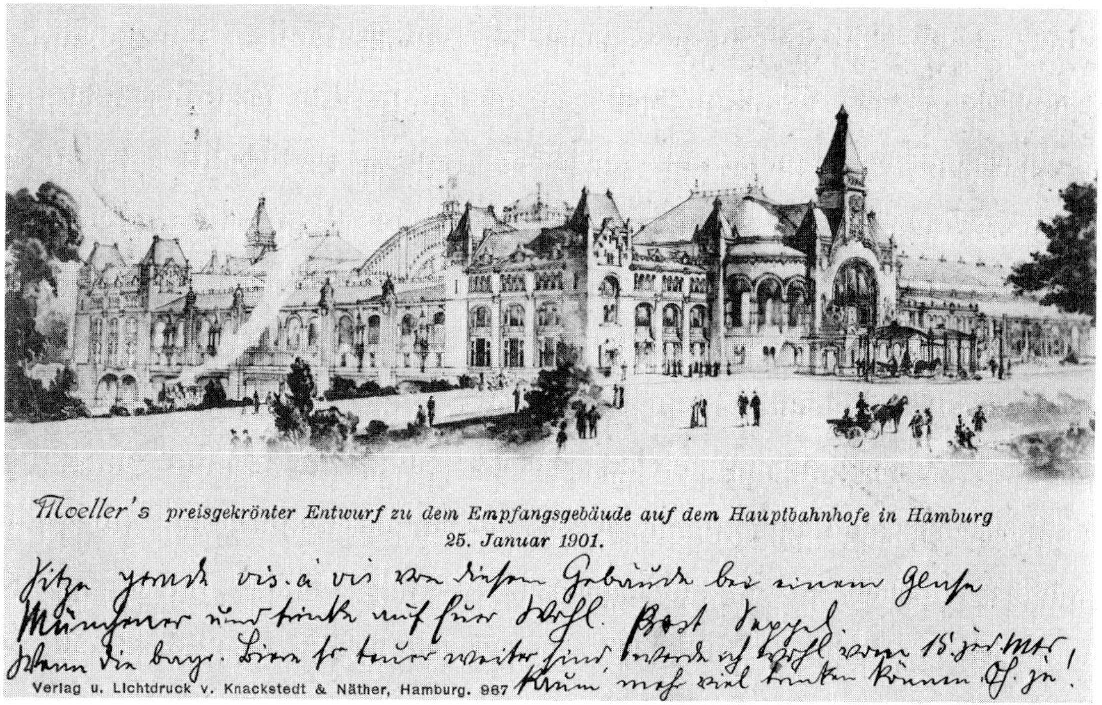

Leinefelde an der Eisenbahn von Nordhausen in Thüringen nach Hann. Münden wurde 1867 von der Eisenbahn erreicht. Seine Bedeutung als Bahnknotenpunkt gewann der Ort mit dem Bau der „Kanonenbahn" nach dem deutsch-französischen Krieg, die Militärtransporte von Berlin nach dem Westen über Güsten, Sangerhausen, Leinefelde, Eschwege, Malsfeld, Treysa und Wetzlar erleichtern sollte. Diese lithografische Karte, einige Jahre vor 1900 gedruckt, gibt dem Bahnhof etwas weniger Raum als üblich, während der Eisenbahnzug vollkommen stilisiert ist: für den Grafiksammler ein Schatz, für den Eisenbahnfreund vielleicht nur von begrenzter Aussagekraft.

Farbig fotografieren konnte man 1907, als diese Karte von Reichenbach im Vogtland verkauft wurde, noch nicht, doch kolorierte Drucke vermochten eine sehr natürliche Impression zu vermitteln. Über den Hauptbahnhof von Reichenbach sind einige baugeschichtliche Angaben auf Seite 226 gemacht. In diesem Bild heißt er bereits „oberer Bahnhof", während der „untere Bahnhof" als Ausgangspunkt der schönen Meterspurstrecke nach Oberheinsdorf an der Nebenbahn von der Göltzschtalbrücke nach dem Ort Oberreichenbach eingerichtet ist. Das Empfangsgebäude ist in Insellage errichtet; ein Dampfzug nach Plauen und Hof fährt aus.

sich in die beiden Hauptgruppen der Verkehrs- und Betriebsanlagen. Die Verkehrsanlagen zerfallen in Personen- und Güterbahnhöfe. Letztere gliedern sich weiter in Stückgut-, Rohgut-, Vieh- und Hafenbahnhöfe, dann die Privatbahnhöfe für Hüttenwerke, Gruben, Fabrikanlagen ec.

Die Stückgutbahnhöfe, im engeren Sinne auch Güterbahnhöfe genannt, für stückweise zu verwiegende Sendungen, bestehen aus Güterschuppen nebst den zugehörigen Gleisanlagen; die Rohgutbahnhöfe für Wagenladungsverkehr mit Feldfrüchten, Kohlen, Steinen, Erz, Holz ec. werden aus wiederholten, stumpf endigenden Gruppen von je zwei Gleisen mit zwischengelegten Ladestraßen gebildet, nebst Zubehör an Brückenwaagen, Rampen, Kränen ec. Die Viehbahnhöfe enthalten an und zwischen den Gleisen größere Rampenanlagen zur bequemen Verladung des Viehs, Stallungen, Anlagen zum Füttern und Tränken der Tiere sowie zum Reinigen und Desinfizieren der Wagen mit kaltem und heißem Wasser. Die Hafenbahnhöfe bilden, namentlich bei Seehäfen, ausgedehnte Gleisanlagen mit Schuppen, Speichern, Hebevorrichtungen, welche sich den Schiffskais entlang ziehen.

Die Betriebsanlagen umfassen zunächst die Anlagen für den Maschinendienst (Lokomotivschuppen mit Zubehör an Drehscheiben, Kohlenbühnen, Wasserstationen); ferner für den Rangierdienst (Rangierbahnhöfe) zahlreiche Gleisgruppen nebst Stell- und Signalvorrichtungen zum Zerlegen und Zusammenstellen der Züge; weiter Gebäude und Gleise für den Werkstättendienst (Werkstättenbahnhöfe): zum Instandhalten der Lokomotiven und Wagen sowie sonstigen Betriebsmaterials, endlich Anlagen zur Gewinnung von Bau- und Bettungsmaterial; Materialstationen, als Kiesgruben, Kiesbaggereien ec.

Eine scharfe Trennung der angeführten Anlagen pflegt nur bei großen Verkehrsplätzen erkennbar zu werden, wo manche derselben, wie z. B. der Personen-, Güter-, Rohgut-, Rangierbahnhof ec., oft ganz selbständige Örtlichkeiten bilden. Bei kleineren Orten pflegen dagegen die Bestandteile in mehr oder weniger enger Verbindung bis zu einer einzigen gemeinsamen Anlage vereinigt zu sein.

Größere Personenbahnhöfe bestehen im wesentlichen aus Gleisanlagen mit seitlichen oder zwischenliegenden, offenen oder überdeckten Bahnsteigen und zugehörigen Empfangs- und Nebengebäuden; dazu kommen in Anbauten oder selbständigen Gebäuden Räume für den Postdienst und für Eilgut, ferner Rampen für Kutschen, Pferde ec., endlich die erforderlichen Gleise und Gebäude für den Maschinendienst der Personenzüge und Schuppen für Personenwagen. Nach der Lage zum Bahnnetz sind zu unterscheiden: End-, Zwischen-, Trennungs- (oder Anschluß-) und Kreuzungsstationen, zu denen noch Kombinationen, wie z. B. Verbindungen von End- mit Zwischen- oder Kreuzungsstationen, mehrfache Trennungsstationen ec., kommen, welche dann wohl als Knotenpunktstationen bezeichnet werden.

Eine wesentliche Anregung erhielt die Umgestaltung der Bahnhofsbauten in Deutschland durch den allgemeinen Aufschwung des Verkehrslebens nach den Kriegen von 1866 und 1870 und weiter in Preußen noch besonders durch die folgende Verstaatlichung fast aller Privatbahnen. In Preußen sind denn auch seit 1876 im ganzen weit über 120 Mill. Mk. für Bahnhofsumbauten seitens des Staates bewilligt worden, außer den etwa 68 Mill. Mk. betragenden Kosten der Berliner Stadtbahn.

Zu den ersten Jahrzehnten der Entwickelung des Eisenbahnwesens behandelte man die dabei vorkommenden Hochbauten, also im wesentlichen die Empfangsgebäude der Bahnhöfe, ziemlich nebensächlich und nur mehr als reine Nutzbauten. Erst seit den 50er Jahren ist auf ihre künstlerische Durchbildung immer mehr Wert gelegt worden, und man ist jetzt der Ansicht, daß diese Verkehrsbauten vor allem berufen seien, der selbständigen modernen Architekturentwickelung als bedeutungsvolles Objekt zu dienen. Für kleinere Durchgangsbahnhöfe gilt das weniger. Der bei ihnen die Regel bildende Verzicht auf Überbauung der Gleise gibt dem Vorwurf neben andern Hochbauaufgaben nicht allzuviel Eigenartiges; es wird dabei gewöhnlich nur auf die Schaffung einer malerischen, gefällig in die landschaftliche Umgebung eingefügten, dabei selbstverständlich charakteristischen Baugruppe ankommen. Besonders gute Beispiele in diesem Sinne finden sich in Amerika; aber auch die Kulturländer der Alten Welt haben (so Deutschland namentlich am Rhein und in Bayern) manch bemerkenswerten Bau dieser Art aufzuweisen. Wesentlich an Bedeutung gewinnt aber die Aufgabe, wenn es sich um Überbauung der Gleise handelt, also um bedeutende Hallenbauten, wie sie die größern städtischen Stationsanlagen besitzen müssen. Freilich wurde in den ersten Jahrzehnten der Entstehung derartiger Bahnhöfe, die etwa bis in das Ende der 40er Jahre zurückreicht, noch wenig Wert auf die bedeutsame Ausgestaltung der Bahnhofshallen gelegt. Man begnügte sich zunächst damit, dem Bauwerk in seinen die Halle begleitenden massiven Teilen das Gepräge des stattlichen Verkehrsgebäudes zu geben. Das gilt z. B. von dem (frühern) Zentralbahnhof in München (1847), einer der ersten Bahnhofsanlagen von künstlerischer Bedeutung. Ferner von den großen, in den 60er und 70er Jahren entstandenen Wiener Bahnhöfen: dem in romanisierenden Formen 1858–65

Betrieben von der „Kreis Oldenburger Eisenbahn", gebaut von der Kleinbahn Lütjenbrode – Orth und befahren von Zügen der Eisenbahndirektion Altona: Das waren die Verhältnisse der Strecke auf Fehmarn. Am 2. September 1905 wurde die kurze Linie vom Hafen Fehmarnsund nach dem Hauptort Burg und nach Orth eröffnet, die landwirtschaftlichen und touristischen Zwecken in erster Linie zu dienen hatte. Die in fröhlichen Farben gehaltene Karte zeigt neben Flaggen und Wappen links das ansehnliche Empfangsgebäude mit einem hübschen Balkon für den Stationsvorstand auf der rechten Seite.

Der um die Jahrhundertwende entstandene neue Hauptbahnhof von Aachen mit seiner schönen dreischiffigen Halle läßt durch die betonte Eingangs- und Schalterhalle an Krefeld, Bad Homburg, Gelsenkirchen oder Wiesbaden denken, doch fehlt hier einmal der sonst so typische „altdeutsche Rathausturm". Eindrucksvoll auch der neugestaltete Bahnhofsvorplatz mit Wasserbecken und Kriegerdenkmal. Kolorierte Karte aus der Zeit vor 1914.

In Nürnberg fuhr 1835 die erste deutsche Eisenbahn, doch diese kurze Privatbahn nach Fürth kam mit bescheidenen Anlagen aus. Als ein Jahrzehnt später die staatliche Ludwigs-Süd-Nord-Bahn nach Bamberg gebaut wurde, trat 1846 ein Bahnhof am Frauentor nach Entwurf von Eduard Rüber hinzu. Dieser wurde 1878 – 1882 umgebaut, mußte aber schließlich dem hier gezeigten, 1900 bis 1906 gebauten Hauptbahnhof von Nürnberg Platz machen. Dessen Gesamtgestaltung als Durchgangsbahnhof mit hochgelegten Gleisen und Bahnsteigunterführungen ist in der Weise ausgeführt, wie sie seit dem Bau von Hannover vorbildlich ist; also wenigstens auf diesem Gebiet kein Unterschied zwischen Bayern und Preußen. Kolorierte Karte von 1910.

Eine sehr lange Baugeschichte hat auch der alte Zentralbahnhof von München, von dem diese bunte Lithografiekarte des Kunstmalers Kley aus dem Jahre 1900 einen lebendigen Eindruck vermittelt. Der Architekt Friedrich von Bürklein hatte das Gebäude im romanisierenden Rundbogenstil der vorigen Jahrhundertmitte entworfen. Eröffnung am 22. September 1849. Als die Ostbahn 1858 eine Halle anbaute, erweiterte Bürklein die Fassade symmetrisch nach beiden Seiten. Vier neue Hallen wurden 1876 – 1884 angebaut, und die alte hölzerne Halle nahm fortan die Fahrkartenschalter auf. Der Zeitgenosse des Jahres 1901 fand, der Bahnhof sei „nicht im geringsten so schön wie der Frankfurter, aber doch auch sehr groß".

Daß ein Bahnhof wenigstens eine Weiche haben muß, sagt die Fahrdienstvorschrift der Eisenbahn. Klein und unscheinbar wurden dagegen die Haltepunkte auf der freien Strecke mit Gebäuden ausgestattet. Sozusagen die Mindestausstattung an Bahnmobiliar zeigt diese 1936 versandte Karte von der Haltestelle Neues Kurhaus in Bad Bramstedt, die nur Bänke, Papierkorb, sandigen Bahnsteig und die aus rohen Stämmen gezimmerte Schutzhalle aufweisen kann. So sparsam war die Eisenbahngesellschaft Altona-Kaltenkirchen-Neumünster. Das Moorbad brachte der Bahn Fahrgäste, und der Torftransport belebte den Güterverkehr.

Ansichtskarten mit Eisenbahnmotiven zeigen nicht nur Bahnhöfe, Lokomotiven, Tunnel und Brücken. Neben diesen häufigen Bildgegenständen sind gelegentlich auch die Rampen der Güterbahnhöfe oder gar Bahnübergänge aufgenommen und gedruckt worden, auch dies rare Dokumente des „unwichtigen Alltags" bei der Eisenbahn. Betrachtet man einmal dieses Stilleben, 1902 in dem durch Bismarck bekannten Friedrichsruh bei Hamburg aufgenommen, so geben viele Elemente Anlaß zum Nachdenken: die Wärterbude mit dem Läutewerk und dem Telegrafenmast, die Viehverladerampe mit Bretterzaun am Kopfgleis rechts, dazu die Schranke mit einer Laterne – all dies auch Anreize für den Modelleisenbahner.

Kein imposantes Empfangsgebäude ist auf dieser Karte, die etwa 1902 gedruckt worden ist, dargestellt, und der Glanz des Personenverkehrs fehlt vollkommen: Der Güterbahnhof von Nauen bei Berlin, an der Strecke nach Hamburg gelegen, ist in diesem raren Dokument abgebildet. Das Kopfsteinpflaster der Ladestraße, die beiden Ladegleise links und rechts, dazwischen die Bollerwagen der Rollfuhrunternehmer mit den schweren Zossen sind zu einem Ausschnitt aus dem Alltagsleben der ebenfalls in Positur gestellten Fuhrleute, Bahnbeamten und Arbeiter geworden.

Bahnhofsgebäude wurden nicht nur von den Staatsbahnen oder anderen Bahnen selbst erbaut, sondern kamen auf Anschlußgleisanlagen auch durch deren Betreiber hin und wieder zur Ausführung. Eine solche Wartehalle für seine Seereisenden, die mit dem Zug nach Bremerhaven gekommen waren, richtete der Norddeutsche Lloyd um die Jahrhundertwende direkt auf dem Kai ein. Den Passagieren, die mit dem „Lloyd-Expresszug" aus Berlin oder dem Ruhrgebiet dem Atlantikdampfer zustrebten, sollten Abfertigung und Wartezeit recht bequem gemacht werden. Architektonisch eine Mischung zwischen Ausflugslokal und Dampferstil.

Darmstadt, nach der Jahrhundertwende eine Hochburg des deutschen Jugendstils, wurde zur Neugestaltung der Bahnanlagen ebenfalls mit einem vielbeachteten Wettbewerb der Staatsbahn ausgezeichnet: Klingholz, Bonatz und Olbrich sind prominente Namen aus der Gilde der Teilnehmer, doch zur Ausführung gelangte dieser prämoderne Bau nach Entwurf von Pützer. Hinter der Schalterhalle liegt eine Brücke quer über den Bahnsteigen, die Stützen der eigenartigen Halle stehen auf den Gepäckbahnsteigen und stören so den Personenverkehr nicht. Die Empfangshalle ist 75 m lang und 30 m breit. 1911/1912 wurde das Empfangsgebäude erbaut. Postkarte von 1914. Siehe auch Seite 111.

Über die Grenze nach Basel führt diese Karte von 1914, und zwar zu dem von der Badischen Staatsbahn errichteten Endbahnhof ihrer Hauptbahn auf eidgenössischem Gebiet. In diesem Neubau, nach Durchführung eines Wettbewerbs unter Basler Architekten von dem hochbautechnischen Referenten der Eisenbahn, Karl Moser, entworfen, wird die 1910 endgültig vollzogene Abkehr vom Historismus besonders deutlich: Die Fassade hat keine Schnörkel aus alter Zeit mehr, selbst der Turm wirkt prämodern. Schwerpunkt in der Gestaltung ist der Portalbogen vor der Eingangshalle, Ausführung in gelbem Keupersandstein. Betriebseröffnung war am 14. September 1913. Die fünfschiffige stählerne Bahnsteighalle von MAN wurde 1981/82 abgebrochen.

Nach einem Entwurf des Berliner Architekten Johann Eduard Jacobsthal ließen die Reichseisenbahnen in Elsaß-Lothringen bis zum Jahre 1883 diesen neuen, stark an Hannover angelehnten Neubau errichten. Die Wartesäle lagen in Gleishöhe, zwei Personenbahnsteige mit eigenen Wartesälen und Restaurationsräumen waren unter den beiden 29 m breiten und 128 m langen Hallendächern untergebracht. Eigene Gepäckbahnsteige fehlen hier. Im vergangenen Jahrzehnt haben die französischen Staatsbahnen in Straßburg erhebliche Erneuerungsmaßnahmen durchgeführt. Ansichtskarte aus der Zeit um 1910.

Zwei Bahnhöfe aus Elsaß-Lothringen werden hier gezeigt, obwohl die Bauten des zwischen 1871 und 1918 auch von deutschen Eisenbahnbehörden verwalteten Landes sonst in diesem Buch nicht weiter behandelt sind: Mit den Neubauten von Metz und Straßburg hat man einmal versucht, die Bahnhofsarchitektur der Preußischen Staatsbahn bis über den Rhein zu tragen. An die mittelalterlichen Stilformen der Romanik mit ihren Rundbogen lehnt sich dieser 1905 – 1908 ausgeführte Bau von Kröger an; wohl sehr malerisch, aber eigentlich der lothringischen Tradition recht fremd. Man hat für diese Bauform in Frankreich die Bezeichnungen „Kolossalstil" und „Neo-Schwob" geprägt; hier greifen Zeitgeschichte und Architektur eng ineinander. Metz war übrigens einer der ersten Fernbahnhöfe mit erhöhten Bahnsteigen. Karte von 1912.

errichteten Bahnhof der Ferdinands-Nordbahn und den Bahnhöfen der Staatsbahn, der Südbahn (1868 erweitert), der Kaiserin-Elisabethbahn, der Franz-Josephsbahn und der Nordwestbahn, deren Bahnhallen bei ziemlich bedeutenden Spannweiten (27–43 m) mit schlichten Eisenkonstruktionen unter flachen Satteldächern überdeckt sind und im Gesamtbilde des Bauwerkes nur sehr bescheiden zum Ausdruck gelangen. Auch die frühern deutschen Bahnhöfe, wie z. B. das Empfangsgebäude in Stuttgart und die ältern Berliner Bahnhöfe, stehen auf dieser Stufe der Entwickelung; und ebensowenig sind die schönen Stationsgebäude von Paris, die Gare de l'Est, die Gare du Nord (1863) und selbst die neue Gare St.-Lazare, über diesen Typus hinausgekommen. Charakteristischer schon sind Ausführungen wie der Zentralbahnhof der Ungarischen Staatsbahnen in Budapest oder der Lehrter Bahnhof in Berlin. Sie sprechen die Hallen bereits bedeutsam im Aufbau aus, maskieren sie aber vorn noch durch große Triumphbogenmotive, die nicht als architektonisch wahrer Ausdruck der hinter ihnen liegenden Hallenkörper gelten können. Diesen Ausdruck zu finden ist der neuern Zeit vorbehalten gewesen. Voran ging Berlin mit seinem 1874–79 durch Schwechten erbauten Anhalter Bahnhof, dessen künstlerisches Hauptmotiv die an beiden Stirnen klar ausgesprochene einschiffige Halle von 60 m Breite und 167 m Länge bildet. Später folgten an größern Beispielen, die namentlich auch den Eisenbau des Hallen-Inneren in mustergültiger Weise entwickeln, der von Eggert 1883–88 errichtete Frankfurter Zentralbahnhof mit dreischiffiger Halle von im ganzen 169 m Breite bei 186 m Länge, die größern Stationen der Berliner Stadtbahn, Friedrichstraße, Alexanderplatz und Schlesischer Bahnhof, der neue, noch in Ausführung begriffene Kölner Hauptbahnhof (Architekten Frentzen und Jacobsthal) u. a. In England entstanden schon früh derartige, anfangs übrigens in Holz ausgeführte Hallenbauten, unter denen St. Pancras-Station, Charing-Croß-Station und Cannonstreet-Station in London mehr durch ihre Größe (die Hallen nehmen hier außer 4–5 Gleisen auch noch den Fuhrverkehr auf) als durch Architekturschönheit hervorragen. Auch Amerika legt auf die künstlerische Durchbildung seiner großen Verkehrsbauten, insbesondere auf die eisernen Bahnhallen, nicht soviel Wert wie das europäische Festland. So hat man dort bei einem der größten neuern Bahnhöfe, dem Zentralpersonalbahnhof in St. Louis, der mächtigen, 183 m breiten und 213 m langen Bahnhalle nur 23 m Höhe und mehrfache Stützeneinstellung gegeben, um sie über den quervorgelegten, echt amerikanisch malerisch mit Turmbauten ec. behandelten Kopfbau nicht dominieren zu lassen."

III. Die ältere Architektur

Soweit Meyers Konversationslexikon von 1890 zum „Bahnhof". Wenden wir uns nun dem Empfangs- oder Aufnahmegebäude des Personenbahnhofes zu, das den eigentlichen Gegenstand der hier vereinigten Ansichtskarten bildet. Über die Architektur der „Bahnhöfe Europas" hat mustergültig Mihály Kubinszky (Stuttgart 1969) berichtet, und seitdem ist eine Fülle von Einzelstudien zu Baugeschichte und Technik besonders der prominenten Bahnhöfe des 19. Jahrhunderts erschienen. Zusammenfassend beschreibt die Bahnhöfe auf dem Gebiet der heutigen DDR Manfred Berger, „Historische Bahnhofsbauten Sachsens, Preußens, Mecklenburgs und Thüringens" (Berlin/Ost 1980). Mit gleicher lexikalischer Gründlichkeit hat Werner Stutz, „Bahnhöfe der Schweiz" (Zürich 1983), die Bauten im ersten Jahrhundert der eidgenössischen Bahnen behandelt; der am Detail interessierte Leser wird dort eine Fülle von speziellen architekturgeschichtlichen Angaben finden.

Zur Einführung in unser Thema wollen wir einen groben Überblick der Baustile und Techniken versuchen, die beim Bau der Bahnhöfe Anwendung gefunden haben. Als die ersten Eisenbahnen gebaut wurden, waren sowohl der klassizistische als auch der romantische Stil in Gebrauch. Klassizistisch baute man nach dem Vorbild der griechisch-römischen Ausgrabungen, also vornehm-monumental und symmetrisch. Zur gleichen Zeit läßt sich aber als ein Gegenpol zum Klassizismus auch die romantische Strömung in der Baukunst feststellen, die sich auf mittelalterliche – also romanische und gotische – Vorbilder berief. Besonders der Rundbogen fällt an diesen Bauten auf, die bis etwa 1860 aufgeführt worden sind. Als Baumaterial wird zumeist Naturstein verwendet, die Bahnsteighallen sind noch überwiegend mit Holzkonstruktionen überdacht.

Beispiele aus dieser Frühzeit des Eisenbahnwesens, die heute noch zu sehen sind, stehen in Berlin (alter Hamburger Bahnhof, späteres Verkehrs- und Baumuseum), Leipzig (Bayrischer Bahnhof, im Ausbau zum Eisenbahnmuseum), Reichenbach im Vogtland (noch in Verwendung) und einigen anderen Orten. Sehr bemerkenswert ist, daß viele der Bahnhofsgebäude aus der Anfangszeit, besonders die in den Großstädten, schon ab 1860/70 wieder abgerissen werden mußten, weil sie für den angewachsenen Verkehr nicht mehr ausreichten. Fast alle Privatbahnen wurden damals verstaatlicht, und das deutsche Eisenbahnnetz nahm durch die Ereignisse vor und nach 1870/71 an Dichte und Leistungsfähigkeit stark zu. Die Staatseisenbahnverwaltungen

Mit dieser Ansicht beginnt eine Reise von Nord nach Süd: Wer kennt ihn nicht, den Hamburger Hauptbahnhof von 1906 mit seiner unverwechselbaren mächtigen Haupthalle und dem auffälligen, schon damals etwas altmodischen Uhrturm? Das Empfangsgebäude liegt quer über den Gleisen, auf die der Reisende aus den Fenstern des Speisesaales einen herrlichen Blick genoß. Der Einschnitt hat eine Breite von 114 m und ist 7 m tief; die dreischiffige Halle ist 150 m lang. Die Haupthalle ist 33,6 m hoch und weist allein 73 m Stützweite auf. Blick am Glockengießerwall in einer kolorierten Karte um 1910.

Den neuen Hamburger Hauptbahnhof haben die Charlottenburger Baumeister Reinhardt & Süssenguth gestaltet. Ihr Entwurf war zusammen mit dem von Ernst Moeller (siehe oben) 1901 aus dem Wettbewerb preisgekrönt hervorgegangen, wurde aber in der Folge noch stark überarbeitet: die zuerst vorgesehenen Jugendstilverzierungen entfielen, und Formen einer deutschen Renaissance erhielten den Vorzug. Es heißt, daß sich sogar Kaiser Wilhelm II. in die Gestaltung von Turm und Fassade 1903 eingeschaltet haben soll. Man mag es bedauern, daß damit Deutschland um einen großen Bahnhof mit Jugendstil-Ornamentik gekommen ist, doch auch der klarere Umgang mit den Materialien Glas und Stahl kann überzeugen. Die Postkarte von 1908 zeigt den Eingang zur Verbindungshalle vom Glockengießerwall.

ließen nun fast überall repräsentativere Bauwerke der „Zweiten Generation" errichten, deren Gestaltung sich aber nicht mehr nach den klassizistischen oder romantischen Mustern der herkömmlichen Bahnhöfe richtete.

Die Anwendung dieser Bauformen endete, zufällig oder nicht, in einer Zeit, da in Europa die Weltmetropolen des Industriezeitalters heranwuchsen, und als die massenweise Herstellung von Ziegeln sowie der Bau von eisernen Hallentragwerken eine neue Ära der Architektur einzuleiten begannen. Indes brachte diese Entwicklung nicht zwangsläufig neue Formen hervor, sondern führte für mehrere Jahrzehnte zu einer höchst frappierenden „Spaltung" der Bauwerke: Konsequent wurde die moderne Technik der Zweckbauten — also hier die Bahnsteighalle — hinter einer repräsentativen Fassade in überkommenen Baustilen versteckt. Diese Tendenz ist nicht allein an den Bahnhöfen festzustellen, sondern tritt an den Opernhäusern, Theatern, Postämtern und allen Wohnbauten dieser Zeit ebenso hervor. Wie eine Baumaske aus längst vergangener Zeit werden der Bahnanlage nun Kulissen vorgestellt, deren Formen aus Gotik oder Barock — bis hin zum Rokoko — entlehnt und zu Größen und Proportionen verändert sind, nach denen die Technik der Zeit verlangt. Die Baugeschichte hat für diesen Stil, der etwa seit 1870 bis um das Jahr 1900 in Gebrauch gewesen ist, die Bezeichnung „Historismus" (wegen des Griffs in die Vergangenheit) und „Eklektik" (nach dem Herauslösen einzelner Elemente aus früheren Stilen) geprägt; populär ist heute dafür auch der Begriff der Gründerzeit-Architektur. Man sieht an solchen wertenden Bezeichnungen, daß der Baustil von nachfolgenden Generationen zunächst nicht sehr geschätzt worden ist. Demzufolge hat es lange an einer näheren Beschäftigung der Architekturhistoriker mit ihm gemangelt; die Folge war, daß eine ganze Reihe prägnanter Beispiele aus jener Zeit — man denke an den Abriß des Anhalter Bahnhofes 1961 in Berlin, dem der Landesdenkmalpfleger noch zugestimmt hat — verschwunden ist, so daß man heute sich sogar mit der Erhaltung einiger recht mittelmäßiger Vertreter dieser Epoche zufrieden geben muß.

Erfreulicherweise sind aber aus dieser Epoche noch genügend Bahnhöfe vorhanden und bei den Bahnen in Verwendung; eine andere Erhaltung als in der Funktion als Empfangsgebäude ist wegen der damit verbundenen Kosten auch nur in den seltensten Fällen denkbar. Schöne Gründerzeit-Bahnhöfe finden wir, um nur einige zu nennen, in Frankfurt am Main, Wiesbaden, Köln, aber auch in Hannover und Straßburg (Elsaß). Dabei zeigt es sich, daß gerade der Bahnhof — gelegentlich, wie in Frankfurt, auch das zugehörige wilhelminische Bahnhofsviertel — ein für den Historismus typischer Bau ist, weil ihn die Anzahl der ausgeführten Gebäude in der Bedeutung weit über die damals gebauten Kirchen, Theater und Rathäuser hinaushebt: der Bahnhof als Kathedrale des technischen Zeitalters, ein Dom des modernen Verkehrs.

Die ganze Nation mit ihren bürgerlichen Schichten konnte sich in einem solchen Großbahnhof des Kaiserreiches repräsentiert sehen; es waren die Schloßbauten des industriellen Zeitalters mit ihren getrennten Warteräumen und Speisesälen für Reisende der I./II. und solche der III./IV. Klasse, dazu ein üppiger Anbau mit separatem Eingang für „Hohe und Höchste Herrschaften". Zu Düsseldorf, Bremen, Kiel, Essen und Nürnberg wurden solche Gebäude vor der Jahrhundertwende geplant und ausgeführt, während Krefeld, Bad Homburg, Lübeck und Hamburg im darauffolgenden Jahrzehnt fertiggestellt worden sind. Besonders erwähnt werden muß in diesem Zusammenhang auch der neue Bahnhof von Metz (1907), damals von den Reichseisenbahnen in Elsaß-Lothringen bedient, der den wilhelminischen Spätstil demonstrativ im Westen verkörperte.

Was hier gesagt wird, gilt in erster Linie für die Bahnhöfe der größeren Städte und für Anlagen von herausgehobener betrieblicher und verkehrlicher Bedeutung an Knotenpunkten. Daneben brachte es der nach 1860 rasch wachsende Bahnbau mit sich, daß die Baumeister der Privatbahnen — und später auch die Ämter der Staatsbahnverwaltungen — ein Sortiment von schablonenhaften Musterskizzen zusammenstellten, aus denen schnell der passende Plan für einen Landbahnhof 3. Klasse hier oder einen Haltepunkt dort zusammengesetzt werden konnte. Diese sparsame Technik ist besonders bei den preußischen Staatsbahnen nach 1870 bemerkbar, als viele Empfangsgebäude kleinerer Orte im Fabrikstil aus braunen Ziegeln hochgemauert wurden. Erst um die Jahrhundertwende kehrte man wieder zu individuelleren Entwürfen zurück.

IV. Baustile des 20. Jahrhunderts

Mit dem Ablauf des 19. Jahrhunderts neigte sich aber auch die Epoche des Historismus ihrem Ende zu. Im Kunstgewerbe und in den bildenden Künsten kam, heftig befehdet, der Jugendstil mit seinen floralen Verzierungen auf, dessen Wirkungen auf die nüchtern-technischen Bauten der Eisenbahn allerdings gering blieben. Zwar finden wir an Gebäuden gelegentlich bescheidene Ornamentik im Jugendstil, doch der schöne, von Heinrich Vogeler entworfene Kleinbahnhof in Worpswede blieb die Ausnahme in Deutschland — zu flüchtig war der Geist dieser Zeitströmung, als daß die Baubeamten der Staatsbahnverwaltung ihm hätten folgen können.

Zur gleichen Zeit gewann eine architektonische Schule an Bedeutung, die sich um die Einheit von Funktion, Konstruktion und Form bemühte. Sie schwor jeder Verzierung und jedem Ornament ab; statt dessen sollte die Gesamtgestaltung überzeugen. Man verbindet diesen sachlichen Stil der Mitglieder des Deutschen Werkbundes, die in Karlsruhe, Leipzig und Darmstadt die wichtigsten Zeugnisse ihres Schaffens für die Eisenbahn hinterlassen haben, mit dem Begriff der Prämoderne. Andere Bauten — etwa Berlin Friedrichstraße, Oldenburg und Basel Badischer Bahnhof — lassen den Geist jener Jahre ebenfalls verspüren. Auch eine ganze Reihe kleinerer Orte ist in diesen Jahren vor dem Ersten Weltkrieg mit neuen Stationen bedacht worden; der „neue Bahnhof" ist ein Wort, das auf den Ansichtspostkarten ab 1900 immer wieder auftaucht. Ehe dieser Stil sich weiter durchsetzen konnte, kam durch den Ersten Weltkrieg der Bahnhofsbau zum Erliegen.

Nach dem Ende des Krieges von 1914/18 wurden recht selten Bahnhöfe gebaut. Nur noch wenige Strecken entstanden jetzt in dem relativ dichten Netz der neugegründeten Reichsbahn, und Neubauten als Ersatz für ältere Anlagen wurden sparsam geplant und ausgeführt. Einzelne neue Bahnhöfe baute man an den Grenzen im Osten, so der sehr schlichte von Neu-Bentschen. In Frankfurt an der Oder und in Liegnitz unternahm man letzte Versuche in einem neubarocken Stil, während Königsberg einen Neubau mit Anklängen an Karlsruhe erhielt. Ein alles überragender moderner Wurf wurde aber in den zwanziger Jahren in Stuttgart realisiert, an den sich vor dem Zweiten Weltkrieg noch die strengen und teilweise sehr monumentalen modernen Bauten von Düsseldorf, Duisburg, Oberhausen und Beuthen anschlossen. Zur „Umgestaltung der Bahnanlagen" in Berlin, München und Linz nach den Plänen Adolf Hitlers sollten auch gewaltige neue Bahnhöfe beitragen; in Berlin war dazu der allmähliche Abriß aller alten Kopfbahnhöfe vorgesehen. In den Jahren 1943 bis 1945 wurden viele Empfangsgebäude der Eisenbahn zerstört.

Der Wiederaufbau der beschädigten Bahnanlagen und auch der Neuaufbau solcher Bahnhöfe, die ihre Funktionen nur noch unzureichend erfüllen konnten, hat die fünfziger und sechziger Jahre bei den deutschen Bahnverwaltungen beherrscht. Mit hohem Kostenaufwand werden die alten Bahnhöfe etwa in Hamburg, Köln, Frankfurt am Main und Nürnberg gepflegt, und vollkommene Neubauten anstelle der hinderlichen früheren Kopfbahnhöfe sind namentlich in Heidelberg, Braunschweig und Ludwigshafen ausgeführt worden. Doch nach den letzten imposanten Neuentwürfen von Bochum, Solingen, Würzburg, Saarbrücken, München oder Kassel sind es heute nur noch kleinere Arbeiten, mit denen sich die Architekten der Eisenbahn beschäftigen können: Haltestellen der S-Bahnen, teilweise mit Einkaufsgelegenheiten verbunden, sind gegenwärtig die einzigen Neubauten. Und wenn einmal, wie in Altona vor wenigen Jahren, ein altes Stationsgebäude abgerissen wird, um einem Neubau den Platz freizumachen, dann entsteht dort kein Bahnhof mehr, sondern — nach einem Wort von Peter Rühmkorf — ein Kaufhof.

V. Ansichtskarten einst und jetzt

Nach diesem Ausflug in die Baugeschichte unserer Bahnhöfe ist es an der Zeit, den Zusammenhang herzustellen zur Ansichtspostkarte, wie sie die Geschichte der Eisenbahnen begleitet hat. Mehr als zehntausend Empfangsgebäude und Fahrkartenverkaufsstellen besaß die Deutsche Reichsbahn noch 1935, im Zeitpunkt ihres hundertjährigen Bestehens. Als die Blütezeit der Ansichtspostkarte, deren „Erfindung" man um das Jahr 1870 datiert, in der Zeit nach 1895 so stürmisch anhob, hatte man in Deutschland also bereits sechs Jahrzehnte lang eine Vielzahl von Bahnhöfen gebaut. Sie wurden nun zur Wiedergabe auf den Ansichtskarten bildlich erfaßt; die zeichnerische oder fotografische Darstellung war so naturgetreu, wie es der Stand der Druck- und Reproduktionstechnik damals eben zuließ. Zunächst, etwa von 1885 bis 1895, wurden die Ansichten nur gezeichnet und (meist verkleinert) als Lithografien vervielfältigt; das waren die berühmten „Gruß aus ..."-Karten, um deren manchmal recht freie Abbildungen von Bahnhöfen sich häufig auch noch Blumenschmuck im Stil der Zeit rankte. Der Sammler alter Druckgrafik und auch der Liebhaber alter Postkarten schätzt diese Karten höher als der Freund und Kenner des Eisenbahnwesens, dem mehr an exakten Abbildungen gelegen ist. Reizvoll anzusehen sind diese lithografischen Karten aber für jeden.

Ehe diese Epoche der Kartentechnik ausklang, kamen als erste Vorboten der fotografisch getreuen Wiedergabe die „Mondkarten" auf. Der Druck war noch so dunkel, daß ein eigens einkopierter Mond als Ausrede für die düstere Nachtstimmung herhalten mußte — lange konnte man solche Produkte nicht verkaufen, und um 1900 waren sie bereits überholt. Zwei andere Techniken hatten nun für lange Jahre das Regiment übernommen, und zwar der sogenannte Lichtdruck für kleinere und der Buchdruck von Autotypien für größere Auflagen; letzterer häufig koloriert.

Der Lichtdruck, bei dem von einer Druckschicht aus lichtempfindlich gemachter Gelatine mittels des typischen „Runzelkornes" feinste Bilder ohne Rasterung wiedergegeben werden konnten, behielt überhaupt nur durch die Ansichtskarte seine Daseinsberechtigung, denn für größere Auflagen war er nicht geeignet.

Beide Vervielfältigungstechniken, Autotypie und Lichtdruck, hatten Fotografien zur Grundlage, doch gab es damals bereits vielfältige Möglichkeiten der Montage und der Retusche, um die Abbildungen „aufzuwerten": Menschen oder Fahrzeuge hätten durch ihre Bewegung die Aufnahme meist verdorben, so daß man sie zum Stillstand veranlassen mußte — daher die sorgfältig arrangierten Personengruppen auf manchen Ansichtskarten — oder sie zur Belebung des Bildes aus anderen Aufnahmen mit mehr oder weniger großem Geschick einmontierte. Das erklärt auch, warum viele Aufnahmen vor 1910 in den frühesten Morgenstunden abgelichtet wurden. In diesem Buch sind solche Montagen nur in geringer Zahl enthalten, da hier mehr Wert auf die originalgetreue Abbildung von Technik und Architektur gelegt worden ist.

Eine sehr wichtige Zäsur in der Geschichte der Bildkarte trat bereits im Jahre 1905 ein: Die Postverwaltung gestattete es fortan allgemein, auf der Anschriftenseite der Postkarte auch Mitteilungen an den Empfänger zu schreiben. Sogleich änderte sich das Erscheinungsbild der Ansichtskarte, indem die Abbildungen größer wurden und bald ganz das Format der Karte füllten. Dieser Zeitpunkt ist bedeutsam für die Datierung vieler Karten, denn nicht immer kann man allein nach den Poststempeln gehen.

Überhaupt lohnt auch die Beschäftigung mit den Stempeln auf diesen alten Karten: Viele Stücke aus der Zeit vor 1914 tragen neben dem Abgangsstempel auch einen Stempel des Zustellpostamtes, und man staunt immer wieder über die Geschwindigkeit der Beförderung. Es war die Zeit, als der Briefträger noch mehrmals täglich seine Runde machte. Auch die ovalen Bahnpoststempel sind auf den Ansichtskarten mit Bahnhofs-Motiv aus naheliegenden Gründen häufig vertreten, konnte doch der Einwurf direkt am Bahnpostwagen die Laufzeit nochmals verkürzen.

Doch kehren wir zurück zur Technik der Ansichtskartenherstellung und zur grafischen Gestaltung dieses Massenproduktes. Nach dem Ersten Weltkrieg verlor die Ausführung im Lichtdruck, die wir so sehr schätzen, rasch an Boden. Die handwerkliche Ausführung wurde zu teuer, und das zeitbedingt schlechte Papier zwang ebenfalls zu anderen Verfahren. So kamen nun feinkörnige Tiefdrucke von recht unterschiedlicher Qualität auf, die gern in bräunlichen oder bläulichen Farbtönen gedruckt wurden. Um 1930 wurde dann die echte Fotokarte aus industrieller Fertigung marktbeherrschend. Auch bei Herstellung der Fotokarte hat man weiterhin störende Elemente — das mochten Freileitungen, Personen oder Kinderwagen gewesen sein — aus dem Bild retuschiert. Diesen Umstand muß man sich bei Betrachtung aller Ansichtskarten als Quelle immer wieder vor Augen halten.

Mit der wachsenden Verbreitung der „echten Fotokarte", die einherging mit der Einführung des leichten Fotoapparates für den kleinen Mann, endete die Zeit der klassischen Ansichtskarte: Fortan war die Bildpostkarte kein eigenständiges grafisches Kunstwerk mehr, sondern ihre Technik und ihre Ästhetik waren nun untrennbar mit der Entwicklung der Fotografie allgemein verbunden. Zugleich ließ das selbst angefertigte Bild voller persönlicher Erinnerungen das Bedürfnis nach dem Kauf von Ansichtskarten bei Ferienreisen deutlich abnehmen.

Damit endet auch unsere Beschäftigung mit der Ansichtskarte, die einen Bahnhof zeigt, in den Jahren des Zweiten Weltkrieges. Zwar wurde in den schrecklichen Jahren nach 1939 manche Bahnhofs-Postkarte von unterwegs in die Heimat geschickt, doch die Zensur und der Fortgang des Krieges sorgten dafür, daß der Gruß „Ich komme!" bald häufiger versandt wurde als der konkrete „Gruß aus . . ." einer bestimmten Stadt.

Weit über tausend Bahnhöfe, besonders in den Städten, sanken bis Kriegsende in Schutt und Asche; viele Ruinen mußten danach abgeräumt werden, um für ganz neue Bauten Platz zu schaffen. Der Stolz auf solche neuen Bauten ist aber ebenso dahin wie der Stolz auf die Eisenbahn überhaupt und wie die beherrschende Rolle der Eisenbahn im Landtransport unserer Zeit: Selbst in Heidelberg, in dem eindrucksvollsten Bau der Bundesbahn aus den fünfziger Jahren, gelingt heutzutage der Kauf einer Ansichtskarte des Bahnhofes nicht.

Teil I:

Die Bahnhöfe zwischen Hamburg und Basel – eine Tour in der heutigen Bundesrepublik Deutschland

Erstes Kapitel:

Hamburg und Schleswig-Holstein

Hamburg — Lübeck — Schwartau
Neustadt i. H. — Altona — Husum
Neumünster — Kiel

Unsere Reise beginnt im Norden auf dem eindrucksvoll unverwechselbaren Hamburger Hauptbahnhof. Sie führt auf mehreren Strecken durch das heutige Bundesland Schleswig-Holstein, dessen Eisenbahngeschichte so recht eigentlich Spiegelbild der politischen Geschichte der Region gewesen ist: Spannungsfelder zwischen den deutschen Staaten und Dänemark vor 1864, Distanz zwischen den Hansestädten und den einzelnen Herzogtümern, dazu die übermächtige Rolle Preußens, spielten tief in den Eisenbahnbau hinein. Die Altona-Kieler Bahn, die Schleswigschen Eisenbahnen, die Schleswig-Holsteinsche Marschbahn und die Lübeck-Büchener Eisenbahn waren die wichtigsten Bauherren der nachfolgend gezeigten Bahnhöfe, ehe vor nunmehr einem Jahrhundert die Königliche Eisenbahndirektion Altona das Regiment übernahm; im Falle Lübeck-Büchen die Reichsbahn erst im Jahre 1938. Viele Ausflugorte an Nordsee und Ostsee wurden in diesem Bezirk mit der Eisenbahn erreicht, und entsprechend heiter-ländlich sind oft die Bahnbauten gehalten. Gründerzeitlichen Prunk zeigen dagegen die Stationsgebäude der größeren Hafenstädte, in denen es auch spezielle Bahnhöfe für Überseereisende und Auswanderer gegeben hat.

Bevor am 5. Dezember 1906 der neue Hamburger Hauptbahnhof eröffnet worden war, hatten bis 1903 der Sternschanzen-Bahnhof (1866), der Berliner Bahnhof (1846), der Hannöversche Bahnhof (1872), der Klostertor-Bahnhof (1866) und der alte Dammtor-Bahnhof (1866) dem Verkehr in die einzelnen Richtungen gedient. Dabei mußten fast hundert durchgehende Züge täglich von einer Station zur anderen über die Straßen Hamburgs fahren; eine unbequeme Situation, deren Beseitigung aber lange auf sich warten ließ. In dieser Gedenkpostkarte, mit dem bekannten Flaggenstempel am Eröffnungstag abgefertigt, sind die fünf Vorläufer des Hauptbahnhofes zu sehen — Romantik und Klassizismus waren hier gleichermaßen vertreten; Prunk und Sparsamkeit wechselten ab.

Diese Karte des Bahnhofes Hamburg-Wilhelmsburg wurde gegen Ende der dreißiger Jahre vertrieben; das Automobil rechts und der Poststempel lassen es erkennen. Am 1. Dezember 1872 hatte die Cöln-Mindener Eisenbahn ihren Streckenabschnitt von Harburg nach dem Hannöverschen Bahnhof (auch Venloer oder Pariser Bahnhof genannt) eröffnet, an dem auch Wilhelmsburg liegt. Dieser Bahnbau mit der Überquerung der beiden Elbarme fand, begründet durch die politischen Differenzen zwischen Hannover, Hamburg und Preußen vor 1866, erst recht spät statt. Der Bahnhof Wilhelmsburg ist im Stil preußischer Backsteingotik gehalten.

Ein eigenes Kapitel deutscher Eisenbahngeschichte im Spannungsfeld zwischen Preußen und Dänemark vor dem Krieg von 1864 bildet die Historie der Lübeck-Büchener Eisenbahn, deren Strecke zwischen Lübeck und Hamburg mit dem hier im Bild gezeigten Bahnhof von Ahrensburg eingleisig im Jahre 1865 eröffnet und 1877 dann zweigleisig ausgebaut werden konnte. Neben dem Stationsschild sind auch, wie vielfach zu beobachten, die Entfernungen nach den beiden Endpunkten der Strecke angeschrieben. Die Aufnahme dieses typischen klassizistischen Eisenbahngebäudes der Zeit um 1860 ist in einem Winter kurz vor der Jahrhundertwende entstanden; Karte abgestempelt 1899. Rechts steht eine Personenzuglok der 1938 verstaatlichten Privatbahn.

Der erste Bahnhof in Lübeck wurde 1851 für die Bahn von Büchen am Holstentor eröffnet, 1890 war er auf vier Bahnsteiggleise erweitert worden. Der weitere Verkehrszuwachs machte aber nach der Jahrhundertwende den Neubau eines modernen Durchgangsbahnhofes auf den Rethteichswiesen in der westlichen Vorstadt St. Lorenz notwendig, in welchen am 1. Mai 1908 der erste fahrplanmäßige Zug einlief. Das malerische Gebäude mit seiner Backsteinverblendung zeigt gewisse Neurenaissanceformen, wirkt zugleich aber auch schon nordeuropäisch. Bedeutsam ist hier die Unterbringung von Wartesälen und Diensträumen in einem Querbau über den Gleisen, von wo man zu den acht Bahnsteiggleisen gelangte. Diese Karte wurde 1911 benutzt.

Gleich zwei Ansichten des Ratzeburger Stadtbahnhofes bringt uns diese 1905 abgestempelte Postkarte. Die vielgestaltig reizvolle Form des Gebäudes auf der Insel im Ratzeburger See ließ wohl eine solche Darstellung angemessen erscheinen. Bauherr dieses am 27. Juni 1903 dem Betrieb übergebenen Gebäudes war die Ratzeburger Kleinbahn-AG, die den Anschluß zum damals „Ratzeburg Land" genannten Bahnhof an der Strecke Lübeck – Büchen und an die Bahnen nach Hagenow und Oldesloe der Direktion Altona besorgte. 1934 wurde die Bahn wieder stillgelegt; in dem Bahnhofsgebäude wurde eine Jugendherberge untergebracht.

Bad Schwartau, nur 6 km von Lübeck entfernt, bekam im April 1873 seinen ersten Bahnhof, als die Eutin-Lübecker Eisenbahn den Betrieb aufnahm. Die Strecke sollte Ostholstein erschließen und Anschluß an die 1866 – 1870 gebaute Bahn zwischen Eutin und Kiel schaffen. In dieser Ansichtskarte, die 1903 geschrieben worden ist, sind vor den pflanzenumrankten Fenstern von Wartesaal und Bahnhofsrestauration die aufgestellten Tische und Stühle der Wirtschaft zu erkennen; Zeichen des regen Ausflugsverkehrs. Eigenen Stil haben die beiden Rundbögen der Empfangshalle. 1939 wurde in Schwartau ein neuer, größerer Bahnhof errichtet, und 1941 wurde die Bahn vor dem Bau der Vogelfluglinie verstaatlicht.

Einen schönen Blick über das Kopfsteinpflaster der Bahnhofstraße auf das neueröffnete Bahnhofgebäude von Heiligenhafen gewährt diese gut erhaltene Ansichtskarte. Es ist der Endpunkt der am 17. Januar 1898 in Betrieb genommenen Strecke von Oldenburg in Holstein der Kreis Oldenburger Eisenbahn, auf der damals die Eisenbahndirektion Altona den Betrieb führte. Erst 1931 übernahm man den Betrieb in eigene Regie und schaffte selbst Fahrzeuge an. Der Bau zeigt den typischen etwas verspielten Stil der Ausflugsorte mit dem Erdgeschoß in Ziegelmauerwerk und Obergeschossen in Fachwerkbauweise. Wie schon gesagt, wurde die Bahn zur Vorbereitung der Vogelfluglinie im Mai 1941 von der Deutschen Reichsbahn übernommen.

Die „Ostholsteinische Bahn" Neumünster – Ascheberg – Eutin – Neustadt der Altona-Kieler Eisenbahn wurde am 31. Mai 1866 dem öffentlichen Verkehr übergeben. Der Bahnhof von Neustadt, der in dieser Ansichtskarte von 1902 zu sehen ist, wurde ab 1881 auch von Zügen der Oldenburger Kreisbahn mitbenutzt, da deren Betriebsführung bis 1931 in fremden Händen (Altona-Kieler Bahn bis 1888, Direktion Altona bis 1923, u. a.) lag. Neustadt und Eutin waren die Stationen für Ausflüge zu den Seebädern Grömitz, Dahme und Haffkrug, bis die 1925 – 1928 erbaute „Bäderbahn" von Lübeck nach Neustadt gebaut wurde. Der Neustädter Bahnhof, im schlichten klassizistischen Stil begonnen, fällt durch die sonderbar lange und zu massive Seitenwand der Bahnsteigüberdachung auf, hinter der nur ein Abort verborgen ist: es ist der Rest einer ursprünglich drei Gleise überspannenden Perronhalle; rechts Gütergleise.

Im Rahmen der Umgestaltung aller Hamburger Bahnanlagen erhielt auch Altona, damals noch preußische Großstadt vor den Toren der Hanseaten, einen neuen Kopfbahnhof. Das nach Planungen von Georg Eggert, der den Frankfurter Hauptbahnhof entworfen hatte, durch Jonen und Schwartz ausgearbeitete Bauwerk trägt deutlich die historistischen Züge der Zeit; die Schalterhalle wirkt wie ein altes Stadttor. Am 30. Januar 1898 wurde der Bau eröffnet, und achtzig Jahre später wurde er durch einen Kaufhausneubau mit Eisenbahnräumen ersetzt. Zugleich fielen die vier leichten Stahlhallen von zusammen 82 m Breite und 160 m Länge dem Abbruch anheim: Die S-Bahnstrecke durch die City war ein Anlaß für diese Umgestaltung unserer Tage. Postkarte von einem Regentag um das Jahr 1908.

In Pinneberg endet heute der Hamburger S-Bahn-Betrieb auf der Strecke nach Elmshorn und Glückstadt. Als diese Ansicht um 1905 aufgenommen wurde, waren die Bahnsteige noch niedrig und konnten zu ebener Erde erreicht werden. Unmittelbar an das schlichte klassizistische Empfangsgebäude angebaut ist der Güterschuppen, vor dem einige Wagen auf das Ladegeschäft warten; der Versand von Rosenstöcken spielte eine gewisse Rolle. Eröffnet 1844 von der Altona-Kieler Eisenbahn.

Im Jahre 1916 wurde, so weist es die Inschrift über dem säulenverzierten Eingang aus, der schöne Klinkerbau zum Bahnhof von Burg in Dithmarschen fertiggestellt. Die gesamte Bahnstrecke zwischen Wilster und St. Michaelisdonn, an welcher der Luftkurort Burg gelegen ist, wurde nach dem Umbau des damaligen Kaiser-Wilhelm-Kanals (Nord-Ostsee-Kanals) zwischen 1907 und 1914 in Betrieb genommen. Damals verschwand die Drehbrücke bei Averlak nach dem Bau der 42 m hohen Hochbrücke von Hochdonn, und die alte Linie über Brunsbüttelkoog wurde zur Stichbahn. An das streng symmetrische Empfangsgebäude hat der Architekt links den Güterschuppen und rechts ein Treppenhaus zu den Wohnungen der Bahnbediensteten angebaut. Postkarte etwa von 1920.

Am 1. November 1878 wurde von der Glückstadt-Elmshorner Eisenbahn die fast 54 km lange Strecke zwischen Itzehoe und Heide in Betrieb genommen, an welcher der Bahnhof von St. Michaelisdonn zur Ausführung gelangte. Im Jahr darauf nannte sich das Unternehmen „Holstein'sche Marschbahn", und im Dezember 1880 wurde die Zweigbahn von Michaelisdonn nach Marne eröffnet. Der Bahnhof, nach typisiertem Entwurf ausgeführt, mußte daher eine gewisse Größe erhalten. Diese Ansichtskarte, in den dreißiger Jahren von den „Bahnhofs-Gaststätten" vertrieben, zeigt den sonnigen Platz vor dem Bahnhof in beschaulicher Ruhe.

1877 wurde Heide in Holstein aus Richtung Neumünster von der Schiene erreicht (Westholsteinische Eisenbahn), ein Jahr später auch aus Itzehoe. Ab 1886 wurde die Bahn nach Norden zur dänischen Grenze verlängert, 1878/83 eine Zweigstrecke nach dem Seebad Büsum angelegt. Zur Bewältigung der vielfältigen Verkehrsaufgaben erhielt Heide dieses in einer Insellage gestaltete Empfangsgebäude aus der Übergangszeit zwischen klassizistischem und historistischem Baustil. Links erkennt man die Vorfahrt für Droschken und Fuhrwerke, daneben den durch Zaun abgesperrten Hausbahnsteig in Richtung Husum, während der Abteilwagenzug vor der Weiterfahrt nach Elmshorn steht. Die Karte dürfte kurz vor dem Ersten Weltkrieg entstanden sein und wurde 1915 verschickt.

Aber in Heide (Holstein) gab es auch einen Kleinbahnhof, und zwar das hier in einer Karte aus der Zeit um 1914 gezeigte Bauwerk der „Kleinbahnen des Kreises Norderdithmarschen". Man erkennt an seiner Fassadengestaltung deutliche Anklänge des Jugendstils, wie sie in der Zeit kurz nach 1900 vielfach zu beobachten sind. Die mageren Bäumchen am Bahnhof lassen erkennen, daß die Aufnahme zu diesem Lichtdruck nur kurze Zeit nach Fertigstellung des Gebäudes gemacht worden ist; Betriebseröffnung war am 17. Mai 1905. Die meterspurige Bahn endete rechts im Bild an Kopfgleisen, während die „Bahnhofstraße" und die Schranke im Hintergrund zur Staatsbahn gehören. Schon 1936/37 wurde diese Kleinbahn stillgelegt.

Husum, die Stadt Theodor Storms, erhielt bereits 1854 Bahnanschluß durch die Südschleswig'sche Eisenbahn von Flensburg nach Tönning, doch erst 1887 wurde die nordwärts verlaufende Marschbahn in Betrieb genommen, die zwischen Lunden und Bredstedt auch Husum berührte; Spiegelbild der deutsch-dänischen Probleme vor 1864.

Wie der zu Anfang des Kapitels gezeigte Bahnhof von Pinneberg ist die hier abgebildete Station Neumünster ein Bau der Altona-Kieler Eisenbahn von 1844, die nach dem damaligen dänischen Herrscher des Landes auch „König Christian VIII. Ostseebahn" hieß. In den nächsten drei Jahrzehnten folgten Bahnstrecken nach Oldesloe, Ascheberg, Flensburg und Heide, so daß der gestiegene Verkehr bald nach der Jahrhundertwende — diese Ansichtskarte wurde 1900 an den Bahnhofsvorsteher von Neumünster verschickt — einen Neubau mit schienenfreien Bahnsteigzugängen notwendig machte.

Abermals der „Hauptbahnhof" einer meterspurigen Kleinbahn in Schleswig-Holstein, und zwar der Kreisbahnhof Flensburg in einer 1915 abgestempelten Karte. Ursprünglich (1885) war die Kreisbahn in den alten Flensburger Hauptbahnhof mit eingefahren, doch der gewachsene Verkehr machte um 1900 den Bau eines eigenen Empfangsgebäudes notwendig.

Auch Bordesholm, auf halbem Weg zwischen Neumünster und Kiel etwas abseits der Bahnstrecke gelegen, erhielt kurz nach der Jahrhundertwende eine neue Bahnstation im für die Landschaft typischen Klinkerstil. Man sieht auch dieser Karte an, wie nagelneu die Anlage war, als der Fotograf Glindemann aus Neumünster anrückte, um die Eisenbahner davor aufzunehmen: die uniformierten Beamten auf dem Perron, die Gleisbauarbeiter hingegen im Schotter stehend. Ganz links sind drei Milchkannen zu sehen, wie sie damals häufig mit der Bahn befördert wurden.

Als 1844 die Bahn von Altona nach Kiel eröffnet wurde, war der erste Bahnhof „an der Klinke" noch im Bau; Fertigstellung 1846. Als weitere Strecken nach Ascheberg, Schönberg und Eckernförde hinzugekommen waren und 1883 der Staat Preußen die Altona-Kieler Bahn erworben hatte, baute die Königliche Eisenbahndirektion Altona (Entwurf Baurat Ernst Schwartz, Ausführung Bauinspektor Burgund) ab 1895 diesen neuen Kopfbahnhof. Am 1. Juni 1899 wurde er in Anwesenheit des Kaisers, der häufig zur „Kieler Woche" kam, festlich eröffnet; der linke Gebäudeflügel unter dem kronengeschmückten Turm war baulich für den Kaiser und andere Fürstlichkeiten eingerichtet. Zunächst waren zwei Hallen mit vier Bahnsteiggleisen vorhanden, zu denen 1908 eine dritte Halle kam. Postkarte um 1910.

Dem Landkreis Rendsburg gehörte die 1901 bis Hohenwestedt eröffnete und 1916 bis Schenefeld verlängerte Rendsburger Kreisbahn. Nur in diesen drei Orten baute man eigene Bahnhofsgebäude, sonst besorgten Agenturen (meist im Wirtshaus) den Verkauf der Fahrkarten und dergleichen. Das malerische, mit Zwiebeltürmen geschmückte Empfangsbauwerk läßt in dieser Karte von 1902 links den Güterschuppen und rechts den Wartesaal mit angebautem Aborthaus erkennen, davor eine frisch angepflanzte Bahnhofs-Anlage und Kinder im Kostüm der Zeit.

Zweites Kapitel:

Von Bremen durch Oldenburg und Ostfriesland nach Hannover

Cuxhaven – Geestemünde – Oldenburg
Bremen – Hoya – Meppen
Osnabrück – Hameln

Auf den folgenden Seiten wollen wir anhand der alten Ansichtskarten einen Bezirk bereisen, der historisch von zwei längst vergessenen Bahnen verwaltet und mit Gebäuden ausgestattet worden ist:
Es geht um die alte Hannöversche Staatsbahn, die vor 1866 dieses Königreich erschloß und sodann unter preußische Verwaltung geriet, und um die kleinere Oldenburgische Staatsbahn, deren Unabhängigkeit erst 1920 mit Gründung der Reichsbahn endete. Dazu kommen zahlreiche Privatbahnen. Im Süden grenzte das Gebiet an die preußische Provinz Westfalen, und gelegentlich überschreiten die Bahnen, denen der Text folgt, auch schon die Länderschranken. Besonders auffallende Bahnhofsbauten in diesem Kapitel sind für Bremen, Bremerhaven-Geestemünde, Oldenburg und Osnabrück zu nennen. Den östlichen Teil des heutigen Landes Niedersachsen mit Hannover und dem Harz, dazu das früher selbständige Braunschweig mit der ersten deutschen Staatsbahn, werden wir mit alten Bahnhofs-Ansichtskarten im nächsten Kapitel durchfahren.

Der Hauptbahnhof von Bremen wurde 1885/89 nach dem Plan von Hubert Stier mit einer Fassade in Sandstein und Ziegelmauerwerk ausgeführt. Die Anlage folgt im Grundriß dem Muster Hannover, doch läßt die größer angelegte Schalterhalle mit ihrer dem runden Dach angepaßten Giebelform eigenen Charakter erkennen. Es war die aus Berlin (Anhalter und Stettiner Bahnhof) zum Vorbild gewordene Bogengiebelfassade. Die einschiffige Halle, in dieser Postkarte von 1910 gut zu erkennen, ist 140 m lang und 59 m breit. Fünf Bahnsteiggleise und ein Durchfahrgleis sind damit überspannt. An zusätzlichen Einbauten sind spezielle Warteräume für den Kaiser und für Auswanderer zu erwähnen. Vor 1914 um eine kleine Halle erweitert, heute noch fast im Original.

Wilhelmshaven, früher ein großer Liegeplatz der kaiserlichen Kriegsmarine, wurde bereits 1867 mit der ersten Strecke der Oldenburgischen Staatsbahn von Bremen über Oldenburg erreicht. Als diese Postkarte in den dreißiger Jahren aufgenommen wurde, war Wilhelmshaven abermals Flottenstützpunkt, bis im Krieg die Stadt starke Zerstörungen erlitt. Das Bahnhofsgebäude von Wilhelmshaven, hier von dem Reisebüro und einem Kiosk teilweise verdeckt, entsprach der Bedeutung des Ortes für seinen Namenspatron.

In Cuxhaven, dem Vorhafen Hamburgs für größere Schiffe und für den Verkehr nach Helgoland, traf der erste Zug der Unterelbeschen Eisenbahn aus Harburg und Stade im November 1881 ein. Damals wurde dieser als Kopfbahnhof vor zwei Bahnsteigen und fünf Gleisen angelegte „Stadtbahnhof" eröffnet, dessen Backsteinarchitektur aus Romanik und Gotik zitiert. Links im Anbau die Restauration, darauf der Balkon für die Wohnung des Bahnhofsvorstehers. Schön zu sehen auf dem feuchten Bahnhofsvorplatz sind auch die Pferdedroschken der Zeit um 1910, in der diese Karte entstanden ist. Wesentlich größere Bedeutung als der Stadtbahnhof hatten in Cuxhaven die immer wieder erweiterten Gleisanlagen und Bahnhöfe des Hafens für Auswanderer, Fernreisende und Schiffsfracht.

An der Strecke von Visselhövede über Rotenburg nach Bremervörde liegt unweit von Zeven im Moor der kleine Bahnhof von Mulmshorn. Der Gasthof Intemann und die Torfstreufabrik haben sicherlich von der im Oktober 1906 eröffneten Nebenbahn profitiert, zu der das bescheidene Fachwerkgebäude im regionalen Stil von der Preußischen Staatsbahn, Eisenbahndirektion Hannover, damals gebaut worden ist. Die 1907 gedruckte Karte ist wieder ein schönes Beispiel für die in kleinen Ortschaften übliche Zusammenstellung mehrerer Motive auf einer Ansichtskarte.

Am 23. Januar 1862 wurde die Strecke Bremen – Geestemünde – Bremerhaven als Teil der Bremischen Staatsbahn eröffnet, die aber ihre Betriebsführung von der Hannöverschen Staatsbahn besorgen ließ. Der alte Bahnhof in Geestemünde, auf dieser Karte von 1908 noch benutzt, war zuerst als Kopfbahnhof in Seitenlage gebaut worden, geriet aber durch die im Vordergrund an der Schranke sichtbaren Gleise nach Bremerhaven (Lloydhalle) und Cuxhaven zum Keilbahnhof. Mit zunehmender Bedeutung des Hafens wuchs auch der Wunsch nach einem neuen Durchgangsbahnhof, der diesen romantischen Bau ablösen sollte. Bemerkenswert auch die Pferdestraßenbahn mit einachsigem Gepäckwagen; im Hintergrund sind Schiffsmasten zu sehen.

Der neue Bahnhof von Geestemünde wurde zwischen 1910 und 1914 erbaut; äußerlich läßt er eine gewisse Verwandtschaft mit Dresden-Neustadt oder Dortmund erkennen. Es war die Zeit, als der Historismus gegenüber der Prämoderne immer mehr an Boden verlor, und als der Werkbund dem ornamentalen Schmuck am Bau den Kampf angesagt hatte. Die Karte ist zur Zeit der Eröffnung der neuen Gleise Wulsdorf – Lehe – Speckenbüttel am 1. Juli 1914 entstanden, als die Pflasterarbeiten am Bahnhofsvorplatz noch nicht abgeschlossen waren. Kübel mit Palmen und Lorbeer sind bereits aufgestellt. Sechs Gleise sind nun in Hochlage durchgeführt, während der alte Bahnhof dem Güterverkehr zugeschlagen wurde. Rechts ist die gläserne Seitenwand der zweischiffigen Bahnsteighalle zu sehen, deren Breite jeweils 21 m beträgt. Höhe 13,5 m.

Mit der Inbetriebnahme der Strecke Bremen — Oldenburg im Juli 1867 wurde auch Delmenhorst mit einem Bahnhof im spätromantischen Stil der Zeit versehen, der allerdings im Zusammenhang mit dem Bau der Nebenstrecke nach Vechta im Jahre 1898 auf wenig gefühlvolle Weise erweitert worden ist. Diese Ansichtskarte vom Ende der dreißiger Jahre läßt das Durcheinander der Stile gut erkennen, zeigt zugleich aber eine Fülle von Details am Rande: die Vivil-Reklame und der Postbriefkasten oder die abgestellten Fahrräder sind Beiwerk, das erst den Reiz einer solchen Aufnahme ausmacht.

Dieser Bahnhof in der Hauptstadt des Großherzogtums Oldenburg, am 21. Mai 1879 eröffnet, erinnert mit seinen Zinnen und Giebeln fast an ein schottisches Schloß. Entwurf Wilhelm Buresch. Dazu schreibt Kubinszky: „Das stattlichste romantische Gebäude in ganz Deutschland dürfte der alte Oldenburger Bahnhof gewesen sein. Er wurde erst eröffnet, als sich das Eisenbahnnetz im Herzogtum Oldenburg bereits entwickelt hatte. Zu jener Zeit nahm man von den romantischen Formen im allgemeinen bereits wieder Abstand; wohl nur die Verbundenheit des Nordens mit dem Geist des Mittelalters führte zur Errichtung dieser einmalig malerischen Anlage, welche schon dreißig Jahre später einem nicht minder wertvollen Kunstwerk weichen mußte." Die Ansichtskarte ist in den letzten Jahren des Gebäudes um 1909 gedruckt worden.

Hochgeschätzt unter Architekten und Kunsthistorikern ist der neue Hauptbahnhof Oldenburg, von 1912 bis 1915 erbaut. Damals gestaltete man die gesamten Bahnanlagen um und hob die Gleise in der üblichen Weise an. Es entstand ein Durchgangsbahnhof mit dreischiffiger Personenhalle, dessen Bahnsteige durch Tunnel erreicht werden. Die Halle ist 153 m lang und hat jeweils 21 m Stützweite. Das Empfangsgebäude selbst, von dem Mainzer Baurat Mettegang entworfen und nach dessen Tod von seinem Mitarbeiter Langewand beendet, ist ausgesprochen prämodern gehalten. Fast ohne Schnörkel sind die Baumassen und Dächer gestaltet, so daß die braunvioletten Klinker in ihrer nordischen Rohbauweise stark wirken. Manches Detail läßt an den Badischen Bahnhof in Basel denken. Die Ansichtskarte wurde in den dreißiger Jahren gedruckt; vorn ein Obus.

In der Grafschaft Hoya bei Bremen wurde am 6. Juni 1900 die Hoya-Syke-Asendorfer Eisenbahn in Betrieb genommen, die übrigens östlich der Weser Anschluß an die regelspurige Hoyaer Eisenbahn von Eystrup (an der Fernstrecke Bremen — Wunstorf) aufwies, bis 1912 allerdings noch ohne Brücke mit Fährverbindung. Ausgangspunkt der meterspurigen Bahn von Hoya nach Asendorf war dieser Bahnhof „Alte-Hoya", dargestellt in einer kurz nach Eröffnung aufgenommenen und am 4. Dezember 1900 versandten Ansichtskarte. Man sieht ein bescheidenes Empfangsgebäude im regionalen Stil, davor lebhaften Wirtschaftsbetrieb an gedeckten Tischen. Die Lokomotive rechts hat das Abenteuer der Retusche nicht unversehrt überstanden; darüber muß man hinwegsehen.

Der beschriebene schwierige Weserübergang bei Hoya wurde 1910 – 1912 durch eine von den beiden Bahngesellschaften westlich und östlich des Flusses erbaute Eisenbahnbrücke überwunden. Die Regelspurbahn von Eystrup wurde nun bis zum Kleinbahnhof verlängert, zugleich entstand das neue Empfangsgebäude des „Centralbahnhofs", wie es diese Postkarte von 1912 zeigt, als Gemeinschaftsbahnhof von Hoyka-Syke-Asendorfer Bahn und Hoyaer Eisenbahn-Gesellschaft. Dort gab es ausgedehnte Gleisanlagen in beiden Spurweiten mit entsprechenden Ladegleisen und Rollbockverladung. Wir sehen vor dem Gebäude einen Gepäckträger und einen Bahnhofsdiener, rechts einige Karren.

In Salzbergen nördlich von Rheine, nahe der Grenze zwischen den Provinzen Hannover und Westfalen gelegen, verzweigte sich die Strecke von Münster in die beiden Richtungen nach Bentheim und nach Emden. Das Empfangsgebäude ist im sparsamen Backsteinstil errichtet worden. Die Bahn von Rheine nach Lingen wurde 1856 von der Hannöverschen Staatsbahn eingerichtet und Anfang 1868 von der (preußischen) Westfälischen Eisenbahn übernommen. Die abzweigende Strecke über Bentheim nach Hengelo wurde von der Niederländischen Staatsbahn und der Holländischen Eisenbahn-Gesellschaft gemeinsam benutzt. Für diese Ansichtskarte, etwa 1905 entstanden, haben sich alle Bediensteten der Station und etliche Familienangehörige aufgestellt; insgesamt 24 Personen.

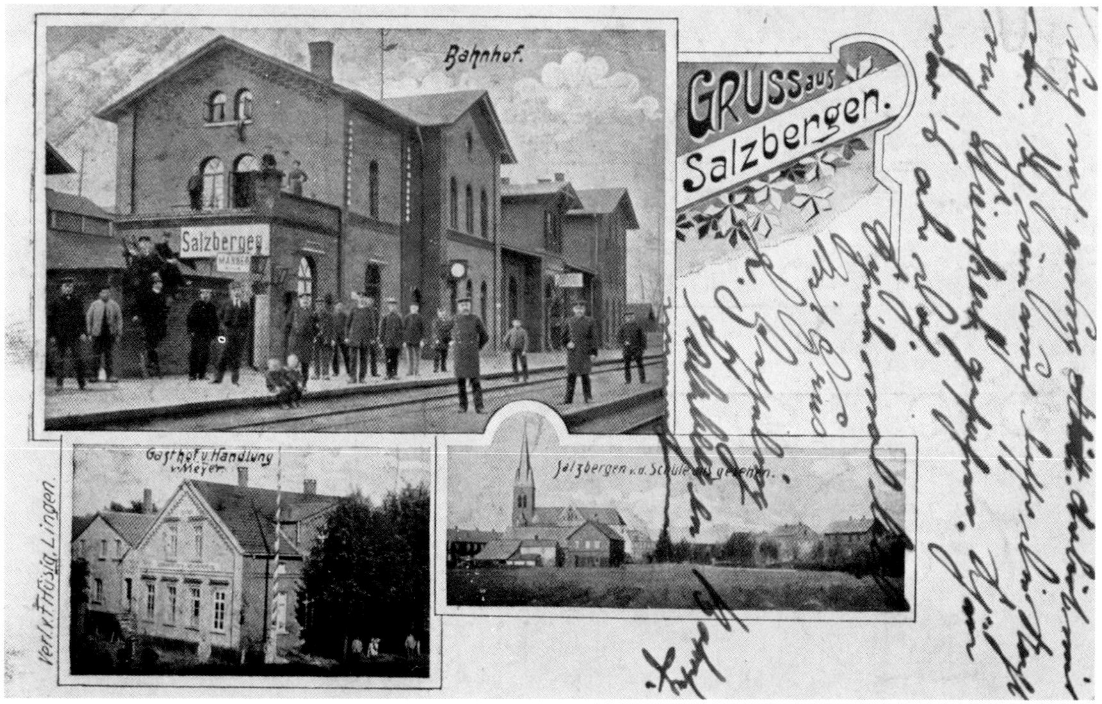

Vergleicht man diese Ansicht des Bahnhofes von Meppen an der Strecke Rheine – Emden mit der vorstehenden Karte von Salzbergen, so fällt der stilistische Unterschied der Bauten sogleich ins Auge: In Meppen, dem Ort mit dem großen Krupp-Schießplatz, steht noch das 1856 errichtete romantische Gebäude mit seinen Rundbogen und angedeuteten Zinnen, während man in Salzbergen eine ähnliche Verteilung der Räume und Aufgaben einige Jahre später hinter schlichterer Fassade versucht hatte. In Meppen zweigte auch die 1894 eröffnete Kleinbahn nach Haselünne ab, die den Staatsbahnhof mitbenutzte. Ein solcher Bimmelbahnzug wartet in dieser Karte aus den frühen zwanziger Jahren auf Anschluß; auch die Koffer für den Fernzug sind bereits auf dem Bahnsteig bereitgestellt worden.

Auch Ihrhove bei Leer in Ostfriesland ist ein ansehnlicher Bahnhof. Er verdankt seine Bedeutung dem Umstand, daß die Oldenburgische Staatsbahn ihre 1869 gebaute Bahn von Oldenburg nach Leer bis in die Niederlande weiterführen wollte. Dazu benutzte sie den Streckenabschnitt Leer – Ihrhove mit, den bereits 1854 die Hannöversche Bahn im Zuge ihrer Strecke von Emden nach Papenburg in Betrieb genommen hatte. Westlich von Ihrhove nach Neuschanz (Nieuwe Schans) an der Grenze baute Oldenburg wieder allein weiter, und im November 1876 war der Anschluß an die Niederländische Staatsbahn nach Groningen fertiggestellt. Das Gebäude ist im unscheinbaren Eisenbahnbaustil jener Zeit symmetrisch ausgeführt, eine Besonderheit ist die Holzverkleidung des Obergeschosses mit den Wohnungen.

Näherte man sich der westfälischen Fabrikstadt Osnabrück auf der 1856 von der Hannöverschen Staatsbahn eröffneten Strecke aus Richtung Rheine, so passierte man eine kurze Weile vor dem Hauptbahnhof diesen „Hasetor-Bahnhof" rechter Hand. Die mit Ziegeln ausgemauerte Fachwerkbauweise mit dem nur flach geneigten Dach erinnert an einen Gutshof; sehr aufschlußreich an dieser Karte von 1908 sind auch die Kostüme der Kinder.

Der Hauptbahnhof in Osnabrück ist als ein Turmbahnhof von zwei sich kreuzenden getrennten Privatbahnen errichtet worden, und zwar liegt unten die Hannöversche Staatsbahn von Rheine nach Löhne, oben die 1871 – 1873 eröffnete Strecke von Münster nach Bremen der Cöln-Mindener Eisenbahn. In einem Winkel der Kreuzung steht dieser neuromanische Bahnhof der späten Gründerjahre von 1898, der deshalb Empfangsräume auf zwei Ebenen besitzt. Die Ansichtskarte wurde 1902 gestempelt, dürfte also gleich nach der Fertigstellung aufgenommen worden sein. Nach dem Kriege umgebaut.

Bahnhof Dissen-Rothenfelde an der Strecke von Osnabrück nach Brackwede bei Bielefeld wurde im August 1886 seiner Bestimmung übergeben. Auch in diesem mit schmückendem Fachwerk reich verzierten Empfangsgebäude, an dem die Gäste von Bad Rothenfelde am Teutoburger Wald ausstiegen, ist noch zu erkennen, wie die Architekten der Preußischen Staatsbahn mit ihren Werken auf den ästhetischen Spuren Schinkels wandelten und den norditalienischen Gutshof oder das Schweizer Haus als Vorbild ansahen. Ähnlichen Stil zeigt auch der Wasserturm. Postkarte etwa 1910.

Am 15. Januar 1910 wurde die neue Staatsbahnstrecke von Nienburg (Weser) über Lemke nach Rahden im Kreis Lübbecke fertiggestellt, und diese Ansichtskarte des Bahnhofes von Uchte am Großen Moor ist noch im selben Jahr entstanden. Der Ort Uchte besaß aber schon vorher Bahnanschluß durch die Mindener Kreisbahn und die Steinhuder Meer-Bahn, die 1898 in Uchte einen Gemeinschaftsbahnhof eröffnet hatten. Dieser Kleinbahnhof wurde mit dem Bau der Staatsbahn in dessen unmittelbare Nähe verlegt. Das abgebildete Gebäude zeigt in den geschwungenen Formen seines Fachwerks leichte Anklänge an den Jugendstil.

1872 eröffnete die Hannover-Altenbekener Eisenbahn ihre Stammstrecke in mehreren Abschnitten zwischen den beiden namengebenden Städten, und damit auch den Bahnhof Hameln an der Weser. 1875 kam die Linie Elze – Hameln – Löhne hinzu, insgesamt also vier Bahnarme. 1897 folgte die Bahn nach Lage. Zwischen den beiden westlichen Strecken nach Altenbeken und Löhne wurde als Keilbahnhof dieses Empfangsgebäude mit den beiden Seitenflügeln erbaut, das noch gewisse romantische Züge trägt. Auffällig die Kuppel über dem Vestibül. Bald darauf umgebaut. Wieder sind es einige Buben, die dem Fotografen der Postkarte von 1902 Modell stehen.

Auch Bad Pyrmont erhielt seinen ersten Bahnhof im Jahre 1872 mit dem Bau der Hannover-Altenbekener Eisenbahn, deren Betriebsführung allerdings schon ein Jahr später von der Magdeburg-Halberstädter Bahn übernommen wurde, und die 1879 in der Preußischen Staatsbahn aufging. Diese Grußkarte aus der Zeit der Jahrhundertwende, in hellem Rot gedruckt, zeigt einen reichverzierten leichten Fachwerkbau im typischen Kurhausstil.

Diese Karte vom Kleinbahnhof Hajen an der Weser ist wieder nur kurze Zeit nach der Betriebseröffnung der Vorwohle-Emmerthaler Eisenbahn südlich von Hameln am 9. Oktober 1900 durch den „Photographen und Verlag von S. Samuel, Minden", hergestellt worden. Die Station ist wohl nur eine Agentur, die von dem Wirt des Gasthauses zum Ruhberg, Heinrich Kohlenberg, mitverwaltet wird, an dessen Hof sich das neue Bauwerk anlehnt. Links die von der Hanomag gebaute Lokomotive Nr. 3 der Bahn, davor Bahnpersonal, örtliche Honoratioren und Kinder im Matrosenanzug — ein schönes Zeitdokument.

In den beiden Ländern Westfalen und Hannover liegt die 1927 — 1929 eröffnete Extertalbahn zwischen Barntrup und Rinteln, deren elektrischer Zug (1500 Volt Gleichstrom) hier auf der Station Bögerhof eingetroffen ist. Der sparsam und gefällig zugleich ausgeführte Bau diente in erster Linie dem Ausflugsverkehr in die idyllische und fischreiche Gegend. Die Fahrzeuge wurden von der Waggonfabrik Killing und der AEG gebaut; die Karte wurde in den dreißiger Jahren verkauft.

DRITTES KAPITEL:

Rund um Hannover und den Harz

Lüneburg — Uelzen — Celle — Hannover
Lehrte — Peine — Braunschweig — Goslar
Bad Harzburg — Göttingen — Kreiensen

Die nächsten dreißig Ansichtskarten zeigen Bahnhöfe aus dem östlichen Teil des Bundeslandes Niedersachsen.
Wir haben diese Einteilung bewußt nach der heutigen Verwaltung des Direktionsbezirkes ohne strenge Trennung nach den Vorgängerbahnen gewählt, um bei der Reise „mit dem Finger auf der Landkarte" keine nur noch schwer verständlichen Sprünge machen zu müssen, die sich aus der früheren Aufteilung in die Hannöversche Staatsbahn und in die Braunschweigische Eisenbahn ergeben.
Genau ein Jahrhundert ist jetzt vergangen, seitdem Preußen seinen schon länger bestehenden Einfluß auf diese Bahnen dadurch manifestierte, daß dort die Königlichen Eisenbahndirektionen Hannover und Magdeburg gegründet wurden. Der große Neubau des Hauptbahnhofes von Hannover 1881 hat diese tiefgreifende Veränderung auch architektonisch zum Ausdruck gebracht; es war eine moderne Durchgangsstation mit hochliegenden Gleisen, die zum Muster für die gesamte Epoche der Gründerzeit wurde. Typisch für den Bezirk sind aber auch die Kreuzungsbahnhöfe von zwei getrennten Privatbahnen, wie sie vor 1880 zahlreich entstanden sind, sowie die vom Fremdenverkehr geprägten Bauten im Harz.

Der Hauptbahnhof in Dannenberg an der Elbe liegt an der Strecke von Lüneburg nach Wittenberge, die 1873 – 1874 noch von der Berlin-Hamburger Eisenbahn gebaut worden ist. Obwohl seit Errichtung der ersten Bahnhöfe dieser Gesellschaft schon zweieinhalb Jahrzehnte vergangen waren, hat auch dieses Bauwerk die gleichen klassizistischen Merkmale wie die 1846 zwischen Berlin und Hamburg angelegten Stationen. Eine Zutat der jüngeren Zeit ist allerdings der Schloßturm. Mit dem Bau der Bahnen nach Uelzen und Salzwedel im Süden ist in Dannenberg auch der Westbahnhof entstanden. Ansichtskarte von 1920.

Helmstedt, in jüngerer Zeit weithin bekannt als Übergabebahnhof der Bundesbahn nach Marienborn bei der Deutschen Reichsbahn, ist hier in einer Ansichtskarte aus der Zeit um 1910 zu sehen. Am Bahnsteig ein Zug der Hauptbahn von Magdeburg nach Braunschweig, links am Prellbock endet die Strecke von Oebisfelde; außerdem beginnt hier noch eine Linie nach Schöningen. Bemerkenswert die kleine Überdachung des Hausbahnsteiges. Die Schöninger Strecke ist 1858 von den Braunschweigischen Staatseisenbahnen, die Linie aus der Landeshauptstadt über Königslutter 1872 von der Braunschweigischen Eisenbahn-Gesellschaft eingeweiht worden.

Die hannoversche Staatsbahnstrecke von Celle über Lüneburg bis Harburg wurde 1847 fertiggestellt, und wer weiter nach Hamburg wollte, der setzte zwischen Lauenburg und Hohnstorf mit dem Trajekt über. Die heute geläufige Route wurde erst nach dem Ende der Selbständigkeit Hannovers von der Cöln-Mindener Bahn durch den Bau der beiden Elbbrücken in Hamburg eingeführt. Damals entstand dieses Empfangsgebäude in Winsen an der Luhe, neben dessen Stationsschild die Entfernungen nach Hamburg und nach Hannover angegeben sind. Die Ansichtskarte ist 1905 versandt worden.

Strengere klassizistische Baumerkmale können wir an dem Lüneburger Bahnhof erkennen. Wie gesagt, wurde der erste Bahnhof in dieser Stadt am 1. Mai 1847 von der Hannöverschen Staatsbahn eröffnet, später aber verschiedentlich erweitert. Diese Postkarte, die neben dem Pferdewagen auch ein offenes Automobil am Bahnhofsvorplatz zeigt, wurde 1930 abgestempelt. Die Bahn baute nach typisierten Zeichnungen immer wieder ähnlich.

Von Lüneburg in Richtung Osten schaukelte einmal die 750-mm-spurige Bleckeder Kreisbahn durch das Land an der Elbe. Es war eine der ersten Bahnen nach dem Kleinbahngesetz, 1895 zwischen Dahlenburg und Echem eröffnet. Die Firma Lenz führte mit Vulcan-Lokomotiven den Betrieb, von denen eine in dieser Karte aus dem Jahre 1903 zu sehen ist. Erst 1904 wurde die direkte Linie zwischen Bleckede und Lüneburg, zunächst ebenfalls schmalspurig, eingerichtet. Auf der Karte sind auch der Lokomotivschuppen mit dem Wasserturm und Schwellenstapel zu erkennen.

Selbst der kleine erste Bahnhof von Bleckede hat nicht lange bestanden, denn während des Ersten Weltkrieges plante die Marine den Bau großer Öltanks an der Elbe, zu deren Bedienung die Strecke von Lüneburg nach Bleckede auf Regelspur umgestellt werden mußte. 1916 begannen die Arbeiten, und 1919 wurde an diesem neu erbauten Bahnhof der Verkehr eröffnet. Man sieht auf der Ansichtskarte, die bald nach Kriegsende entstanden sein muß, noch vielfältige Baumaterialien. Das Gebäude selbst ist von überraschender Sachlichkeit. 1944 ging es an die Osthannoverschen Eisenbahnen über.

Auf dem Bahnhof Uelzen, hier in einer raren Lichtdruckkarte aus dem Jahre 1898 wiedergegeben, kreuzen sich im Linienbetrieb die Bahnen Lüneburg — Lehrte (Hannöversche Staatsbahn 1847) und Salzwedel — Langwedel — Bremen (1873, Magdeburg-Halberstädter Eisenbahn und Bremische Staatsbahn). Das Empfangsgebäude von Heinrich Köhler befindet sich in Insellage zwischen den beiden getrennten Privatbahnen, wobei im Vordergrund ein geräumiges Abortgebäude zu sehen ist; auch solche Bauwerke waren mit jedem Bahnhof zu errichten. 1960 durch einen Neubau ersetzt.

Von Lehrte nach Celle konnte man erstmals am 15. Oktober 1845 mit der Eisenbahn fahren, und zwar wieder mit der Hannöverschen Staatsbahn. Der Baustil des Bahnhofes ist eng mit dem verwandt, den wir bereits in den Karten von Lüneburg und Winsen kennengelernt haben, denn diese Anlagen stammen alle aus einem Baubüro. Der romantische Rundbogen und die klassizistische Betonung der Geschosse sind hier zu einem Bau verschmolzen. Die 1904 verwendete Ansichtskarte zeigt die Straßenseite des schönen dreigliedrigen Gebäudes mit einer Reihe von Kutschen.

Von dem eigentlichen Empfangsgebäude des Bahnhofes Burgdorf in Hannover ist auf dieser Ansichtskarte aus dem Jahre 1906 nicht allzuviel zu erkennen. Es ist ein Landbahnhof zwischen Lehrte und Celle, noch 1845 eröffnet. Bemerkenswert aber ist die Fülle von Ausrüstungsteilen rund um den Bahnübergang mit den ungeniert auf dem Gleis posierenden Kindern: Schranken für Fuhrwerke und Fußgänger getrennt, Wärterbude, Lademaß, Handweichen und Neigungsanzeiger, Fahnenmast und Telegrafenstange gehören zu diesem Ensemble aus der Zeit vor achtzig Jahren.

Als einer der ersten großen Bahnhofsbauten nach dem deutsch-französischen Krieg von 1870/71 wurde der Hauptbahnhof von Hannover 1881 eröffnet: Ein Durchgangsbahnhof mit seitlichem Empfangsgebäude und hochliegendem Gleiskörper, dessen Bahnsteige durch Tunnel zu erreichen sind, und der nun für viele Jahrzehnte — und eigentlich bis zum heutigen Tage — als Vorbild galt. Das Stationsgebäude selbst, wie es unsere Postkarte von 1905 zeigt, ist in seiner Fassadengestaltung noch recht romantisch ausgeführt, läßt aber den aufkommenden Historismus ahnen. Architekt: Hubert Stier. Erstmalig wurden hier besondere Gepäcksteige angewandt; neben die beiden Hallen von 170 x 37 m wurde 1909/10 eine dritte gesetzt. Nach dem Kriege wurden neue niedrige Stahldächer errichtet.

Als diese Ansichtskarte des Bahnhofes von Stadthagen in Schaumburg-Lippe in den dreißiger Jahren aufgenommen wurde, hatte die Ortschaft rund siebentausend Einwohner. Bereits im Oktober 1847 war die Hannöversche Staatsbahn mit ihrer Strecke über Wunstorf und Stadthagen bis Minden vorgedrungen, wo sie Anschluß an die preußische Cöln-Mindener Bahn erlangte, um ab Löhne wieder eigene Wege auf Osnabrück und Rheine zu gehen. Solchen romantischen Burgturm finden wir in den folgenden Jahren häufiger.

Stadthagen Am Bahnhof

Auf dem Staatsbahnhof von Wunstorf vor Hannover hatte 1915 der Absender dieser Ansichtskarte eine halbe Stunde Aufenthalt, die er zum Schreiben an seine Frau verwendete. Auf dem 1847 angelegten Bahnhof, der wieder an Lüneburg und Celle erinnert, verzweigte sich die Hannöversche Staatsbahn nach Nienburg – Bremen (Eigentum der Bremischen Staatsbahn, Betrieb durch Hannover) und nach Minden. Das klassizistische Empfangsgebäude liegt als Insel zwischen diesen beiden Armen; links ist der Eingang von der Straße zu sehen. Bemerkenswert auch die Unterführung zum Bahnsteig rechts.

Lehrte ist wie Wunstorf ein Bahnknotenpunkt weitab von Hannover, und damit Spiegelbild der problematischen Eisenbahnpolitik im Land der Welfen vor 1866. Der schlichte Bau ist Zeugnis für den Klassizismus bei der Hannöverschen Staatsbahn, die zwischen 1843 und 1846 hier Strecken von Hannover, Peine, Celle und Hildesheim heranführte. 1871 gesellte sich die Magdeburg-Halberstädter Bahn von Oebisfelde hinzu. Beiderseits des Inselgebäudes wurden diese Strekken im Richtungsbetrieb durchgeführt, wodurch eine erhebliche Anzahl von Gleiskreuzungen notwendig wurde. In Lehrte ist der Ort als „Bahnhofssiedlung" vom alten Stadtkern herangewachsen. Diese Ansichtskarte ist 1942 geschrieben worden.

An der ersten Strecke der Hannöverschen Staatsbahn, die im Dezember 1843 von Lehrte nach Peine und im Mai 1844 von Peine bis Vechelde als Anschluß zur Braunschweigischen Eisenbahn in Betrieb genommen worden ist, lag dieser kleinere, aber wieder für die Bahnverwaltung typische Bahnhof einer Zwischenstation. In der Ansichtskarte von 1913 blicken wir über Ladestraße und Güterwagen auf den Schuppen und einen Wasserturm; deutlich sind auch die Bohlenüberwege zu erkennen, mit denen der Reisende zum niedrigen Mittelbahnsteig gelangt. Nach 1960 umgebaut. In der Nähe liegt der Bahnhof der Peine-Ilseder Eisenbahn.

Anläßlich der Eröffnung der ersten Staatsbahnstrecke nach Wolfenbüttel erhielt Braunschweig 1838 einen kleinen wildromantischen Bahnhofsbau, der aber schon 1845 durch den hier wiedergegebenen klassizistischen Bau nach abermaligem Entwurf von Hofbaurat Carl Theodor Ottmer abgelöst worden ist. Die Ansichtskarte von 1902 läßt sogar seine Fenster im Golddruck leuchten. In den Kopfbahnhof führten drei Gleise; später auf sechs Gleise erweitert. Hier ist die Ankunftsseite zu sehen, während im Flügel der Abfahrtsseite die Schalterhalle als Kuppelbau ausgeführt war. Ende der fünfziger Jahren baute die Bundesbahn in Braunschweig einen neuen Durchgangsbahnhof (eröffnet 2. Oktober 1960) mit modernem Empfangsgebäude, und diese alte Anlage wurde von einer Bank übernommen. Sie besteht heute noch.

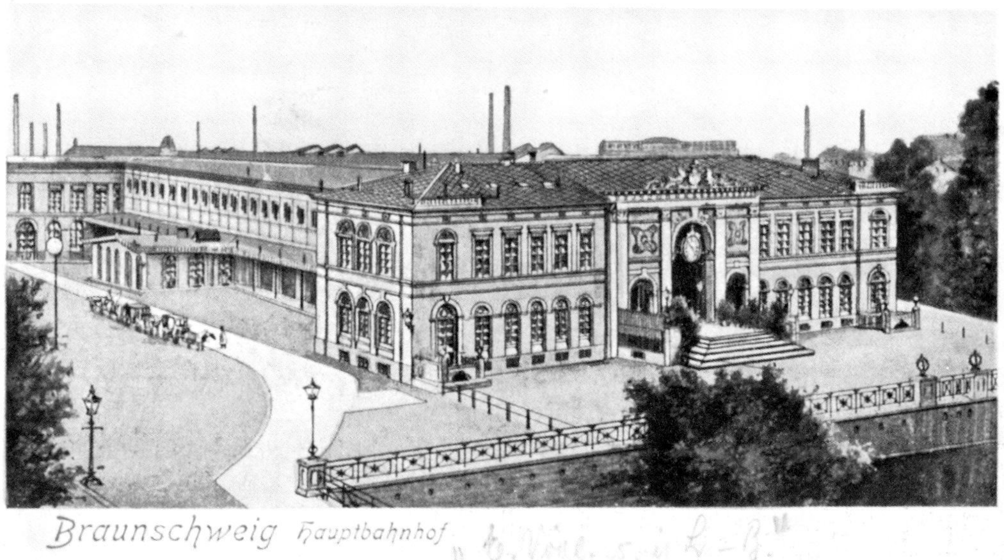

Die 31 Kilometer lange Bahn von Braunschweig nach Helmstedt über Königslutter wurde im Sommer 1872 dem öffentlichen Verkehr übergeben. Es verwundert daher nicht, wenn das Bahnhofsgebäude von Königslutter in dieser Bildpostkarte aus dem Jahre 1901 gewisse Ähnlichkeiten mit dem Bauwerk in Helmstedt aufweist, obwohl es ein Stockwerk mehr bekam. Die Architektur ist im Umbruch vom Klassizismus zum Historismus, wie ihn der Uhrenturm auf dem Abortgebäude bereits ahnen läßt.

Isenbüttel an der im Jahre 1871 eröffneten Bahn von Spandau über Stendal nach Lehrte zeigt in dieser um 1900 entstandenen und 1906 abgesandten Karte den typischen preußischen Backsteinbau der Zeit, sparsam aus solchen architektonischen Elementen zusammengesetzt, wie sie damals immer wieder anders und doch gleichartig kombiniert worden sind. Bald darauf wurden hier Zweigstrecken nach Braunschweig und nach Wittingen in die Station eingeführt. Bemerkenswert an der Karte ist noch die Abbildung der beiden Bahnhofsseiten mit dem Schmuck durch ein Flügelrad.

1858 wurde Schöningen von der Braunschweigischen Eisenbahn mit Strecken aus Jerxheim, Schöppenstedt und Helmstedt erreicht. Ein gefälliger Bau mit Uhrenturm, in dem sich klassizistische und romantische Einflüsse wiedererkennen lassen, wurde damals von Ebeling gebaut. Er trägt in dieser am 3. Juni 1902 abgestempelten Karte den Namen „Staatsbahnhof", weil in der Nähe der „Nebenbahnhof" der Braunschweig-Schöninger Eisenbahn (1902) und der Oschersleben-Schöninger Eisenbahn in Betrieb gegangen war. Der Personenzug rechts wird über die abzweigende Strecke nach Helmstedt fahren, während vorn die durchgehenden Gleise Jerxheim – Eilsleben liegen.

Ein bedeutender Knotenpunkt im Netz der Braunschweigischen Eisenbahn war Börssum: 1840 wurde die Bahn von Wolfenbüttel nach Schladen, 1856 die von Börssum nach Kreiensen und 1868 die von Börssum nach Jerxheim in Betrieb genommen. Es entstand ein Kreuzungsbahnhof mit Richtungsbetrieb, bei dem also die einzelnen Linien sich überkreuzen, um nebeneinander an den Richtungsbahnsteigen, deren Dächer man links in dieser Karte von 1908 sieht, einzulaufen. Das symmetrische Bauwerk ist eng mit dem Bahnhof Braunschweig Ottmers von 1846 verwandt und dürfte um 1855 entworfen sein. Rechts hinter den Läutewerken endeten seit 1895 auch die Gleise der Hornburg-Börssumer Eisenbahn.

An der Strecke von Bad Harzburg über Wernigerode nach Halberstadt liegt auch der Bahnhof von Eckertal; ein Ferienort nicht weit vom Brocken. Im Herbst 1894 hat die Preußische Staatsbahn den letzten Abschnitt zwischen Ilsenburg und Harzburg fertiggestellt, und damals ist auch dieser im regionalen Stil mit Holzverkleidung gebaute Bahnhof gebaut worden. Die Ansichtskarte aus den dreißiger Jahren zeigt rechts noch einen später angebauten Güterschuppen.

Spiegelbild der politischen Interessen von Hannover, Preußen und Braunschweig ist der Anschluß von Goslar an die Bahn gewesen. Die Hannöversche Staatsbahn baute eine Linie von Vienenburg nach Goslar, die im März 1866 fertiggestellt war. Sie wurde, da Vienenburg von der Braunschweigischen Staatsbahn seit 1840 angefahren wurde, sogleich von Braunschweig betrieben. Damals entstand auch der romantische Bau, den die Karte von 1908 rechts zeigt. 1883 kamen weitere Gleise nach Langelsheim und Grauhof hinzu, dann übernahm die Preußische Staatsbahn 1885 den Bezirk. In dieser Zeit hat man die links abgebildete Halle errichtet, deren Romanik man die Kaiserpfalz von Goslar ansieht.

Der Bahnhof in Bad Harzburg war zunächst ein Endbahnhof, und zwar für die 1840 eröffnete Braunschweigische Staatsbahnstrecke von Vienenburg und Braunschweig. Als 1894 die Bahn von Wernigerode und Ilsenburg hinzukam, spielte man noch immer mit vergangenen Baustilen. Für den Bahnhof von Harzburg (Ansichtskarte von 1908) kam diese neubarocke Fassade dabei heraus. Der große Rundbogen läßt die hohe Schalterhalle erkennen. Heute noch vorhanden.

Die Strecke Alfeld – Northeim – Göttingen der Hannöverschen Staatsbahn ist am 1. August 1854 eröffnet und 1856 über Münden bis nach Kassel verlängert worden. Der damals gebaute, recht romantische Bahnhof, der seitlich noch zwei Eckpavillons besitzt, weist mit seinen Rundbögen auf Bürkleins Bau in München und auf den naheliegenden Hauptbahnhof von Kassel selbst hin. Die Ansichtskarte ist 1909 abgestempelt worden; sie zeigt einen reich blühenden und mit Palmen bestückten Bahnhofsvorplatz, wie er für die letzten Jahre vor dem Ersten Weltkrieg typisch gewesen ist: ein Platz, um darüber mit der Kutsche zu fahren. Umbau in den achtziger Jahren; der Vorbau ist Zutat der Gründerzeit.

An der eben genannten Hannoverschen Südbahn nach Kassel wurde auch der Bahnhof Northeim angelegt. An seiner Fassade besticht, wie die beiden architektonischen Zeitströmungen miteinander verwoben sind: Ein romantischer Giebel ist in den eher klassizistischen Baukörper eingefügt, ohne dessen strenge Linien zu überragen. 1869 kam die Strecke nach Herzberg hinzu, 1878 die Bahnlinie von Ottbergen nach Northeim. Letztere Bahnen wurden durchgehend verbunden, und das Empfangsgebäude geriet damit in eine Insellage zwischen den beiden Linien. Ansichtskarte um 1910; bald darauf wurden Unterführungen zu den Bahnsteigen gebaut.

In den Harz führt auch die nächste Ansichtskarte: Sankt Andreasberg wurde 1884 durch die Stichbahn von Scharzfeld an der Strecke von Herzberg nach Walkenried an das Schienennetz angeschlossen. Die Ansichtskarte, 1915 gestempelt, läßt die für einen kleinen Endbahnhof typischen Anlagen mit Lokschuppen und Nebengleisen für den Güterverkehr (Bergbau, Holzwirtschaft) erkennen. Die große offene Wartehalle weist auf den Ausflugsverkehr hin. Da der Ort Andreasberg weit oberhalb des Bahnhofes liegt, baute man hier 1913 die St. Andreasberger Kleinbahn mit Zahnstange nach System Abt, die auch in diesem Bahnhof einfuhr.

Diese kleine Neujahrskarte ist Anfang 1899 vom Bahnhof Wildemann bei Clausthal im Harz versandt worden. Die Strecke von Vienenburg über Grauhof und Lautenthal nach Clausthal ist zwischen 1875 und 1877 als letzter Bahnbau der Magdeburg-Halberstädter Eisenbahn unternommen worden. Sie diente besonders dem Harztourismus und dem Abtransport von Bodenschätzen. Der Bahnhof zeigt das typische Bild einer weniger bedeutenden Station im Ausflugsgebiet, also ortsverbundenen Stil. Auffällig wieder die leistungsfähige Bahnhofswirtschaft. Weitere Bilder aus dem Harz im 13. Kapitel.

Nicht das Empfangsgebäude des Bahnhofes Einbeck an der Stichbahn von Salzderhelden nach Dassel südlich von Kreiensen steht hier im Vordergrund, sondern sein ausgedehntes Betriebsgelände. 1879 hatte die Braunschweigische Eisenbahn-Gesellschaft die Strecke von Salzderhelden bis Einbeck (ohne Verbindung zu ihrem Netz) eröffnet, und 1883 bauten die Gemeinden und Kreise die Strecke weiter nach Dassel. 1903, als diese Karte aufgenommen wurde, besorgte die preußische Direktion Kassel (noch bis 1924) den Betrieb auf der gesamten Ilmebahn. Man erkennt, wie ausgedehnt das Gelände selbst für eine so kleine Station zu sein hatte.

Wie Northeim ist auch der Bahnhof von Kreiensen eine Inselanlage. Der Kreuzungsbahnhof hat ebenfalls Linienbetrieb, und zwar neben der Strecke Elze—Northeim (Hannöversche Staatsbahn 1854) die Route der Braunschweigischen Staatsbahn (1856 von Börssum und Seesen, 1865 von Höxter und Holzminden), also die typische Trennung von zwei unterschiedlichen Privatbahnen. Der Bahnhof ist hier nur klein zu erkennen, doch gefällt die Karte durch das aufgereihte Personal von Restauration und Kaiserlicher Post. Geschrieben 1911.

KREIENSEN Wartesaal 3. Kl.

Kreiensen hatte schon immer ein gut sortiertes Bahnhofsrestaurant. Wartezeiten beim Umsteigen waren an der Tagesordnung, und auch auf der Rückseite dieser dort im September 1915 verschriebenen Karte heißt es: „Soeben um 5 Uhr in Kreiensen angelangt, wo wir 2 Stunden Aufenthalt haben, und dann noch bis Northeim weiterfahren, wo wir übernachten. Northeim ist nur noch eine halbe Stunde zu fahren." Lange kann man sich die Details der Wartesaal-Einrichtung ansehen; rechts an den Türen ist die Richtung nach Kassel und Hannover sogar angeschrieben.

Mit diesem Blick auf den Bahnhof von Elze in Hannover in einer Ansicht, die 1919 verschrieben worden ist, endet unsere Reise durch die Region. Die zweigleisige Strecke Hannover – Kreiensen wurde am 1. Mai 1853 in Betrieb genommen, und damals baute man auch dieses Ziegelgebäude mit seiner romantischen Fassade. 1875 schloß hier die zweigleisige Bahn von Löhne und Hameln an, und 1900 begann der Nebenbahnverkehr nach Gronau. Wir blicken auf den Bahnsteig in Richtung Göttingen mit den Tischen der Wirtschaft, während zu den übrigen Bahnsteigen ein Tunnel vorhanden ist.

Viertes Kapitel:

Westfalen und das Ruhrgebiet

Minden — Löhne — Münster — Wesel — Duisburg
Oberhausen — Essen — Gelsenkirchen — Dortmund — Hamm
Hagen — Elberfeld — Barmen — Düsseldorf

In dem Gebiet, dessen Bereisung die folgenden Bildpostkarten vorschlagen, haben im Lauf der Zeit die Eisenbahndirektionen Münster, Essen und Elberfeld das Erbe der Rheinischen Eisenbahn, der Westfälischen Eisenbahn, der Cöln-Mindener Bahn und der Bergisch-Märkischen Bahn verwaltet, um nur die wichtigsten zu nennen.
Die Verbindung von Hamburg nach Paris und der Weg von Berlin über Hannover nach Brüssel führten durch diese Region, in der die dichte Besiedelung und der intensive Industrieverkehr den Bau eines engen Eisenbahnnetzes mit konkurrierenden Strecken und dementsprechend auch den Bau von zwei oder drei Bahnhöfen unterschiedlicher Gesellschaften an einem Ort begünstigten.
Mit der Verstaatlichung der alten Privatbahnen und mit der starken Zunahme des Arbeiterverkehrs vor der Jahrhundertwende mußte die Preußische Staatsbahn als Ersatz dafür zahlreiche neue Bahnhofsbauten errichten, die in einer großen Fülle historisierender Baustile entstanden sind.
Duisburg, Oberhausen und Düsseldorf sind aber auch die drei wichtigsten Neubauten der Reichsbahnzeit in Westdeutschland, die den Architekturstil des Bauhauses und der Neuen Sachlichkeit bei der Eisenbahn verkörpern. Den linksrheinischen Stationsgebäuden wird sich das anschließende Kapitel zuwenden.

Von Bielefeld bis Gelsenkirchen reicht die Palette in diesem Kapitel. Bielefeld wurde schon 1847 von der seit 1845 aus Deutz herangeführten Cöln-Mindener Eisenbahn erreicht; der erste Bahnhof ist um das Jahr 1910 durch den hier abgebildeten Neubau ersetzt worden, der – gerade im Vergleich mit Gelsenkirchen – den damals spürbaren Übergang vom Historismus zur Prämoderne erkennen läßt: Die Form der Schalterhalle ist niedriger und einfacher als zuvor üblich, und auch ornamentaler Zierart wird sparsamer verwendet. Gleichzeitig wurden damals die Gleisanlagen umgestaltet. Ansichtskarte von 1911.

Wenige Jahre vor Bielefeld erhielt Gelsenkirchen, das hier neben einer Karte aus Westfalen das Kapitel mit einem Bahnhof aus dem Ruhrgebiet einleiten soll, einen neuen Bahnhof im Stil der späten Gründerjahre. Das war 1904. Damals legte man die Gleisanlagen hoch und errichtete diesen Bau mit dem typischen Renaissancegiebel samt Bogenfenster und mit einem kleineren Turm, wie er damals zu jedem Bahnhof gehörte. Die Deutsche Bundesbahn hat Mitte 1982 mit dem Ersatz dieses Gebäudes durch einen „zeitgemäßen Neubau" begonnen, der mehrere Funktionen haben wird.

Die Cöln-Mindener Eisenbahn eröffnete den Bahnhof, entworfen von F. Hartung, im westfälischen Minden am 15. Oktober 1847 mit der Strecke von Hamm, und zugleich kam die Strecke der Hannöverschen Staatsbahn von Hannover und Wunstorf heran. Man baute daher einen Übergabebahnhof mit Empfangsgebäude in Mittellage, vor dessen Portal wir — in dieser Karte aus dem Jahre 1900 — eine Pferdedroschke sehen können. Hinter dem romantischen Bauwerk ist der eher funktionale Wasserturm zu erkennen; rechts Abstellanlagen und das Betriebswerk.

Auch der erste Bahnhof von Bad Oeynhausen unweit der Porta Westphalica wurde in den vierziger Jahren des vorigen Jahrhunderts mit dem Bau der Cöln-Mindener Eisenbahn errichtet. Als aber durch den Bahnanschluß die Bedeutung des Thermalbades Oeynhausen im Lauf der Zeit beständig wuchs, baute man kurz vor dem Ersten Weltkrieg dieses bemerkenswert schlichte Gebäude, dessen Formen den Einfluß des Werkbundes spüren lassen. Die Ansichtskarte wurde 1917 abgestempelt.

Am 12. September 1901 hat ein Bahnreisender bei seinem Aufenthalt in Löhne diese Ansichtskarte verschickt. Der romantische Bau, vor dem wenigstens zwei Dutzend Bahnbeamte und die Belegschaft der Bahnhofswirtschaft für den Fotografen sich aufgestellt haben, stammt aus den ersten Jahren der Cöln-Mindener Bahn. Nach der Fernstrecke Hamm – Minden (1847) wurden hier die nach Osnabrück und Rheine weiterführenden Gleise der Hannöverschen Staatsbahn (1855) angeschlossen, die von Minden bis Löhne die Cöln-Mindener Gleise mitbenutzte. 1875 kam die Strecke aus Hameln von der Hannover-Altenbekener Eisenbahn hinzu.

Noch einmal Löhne, nun der Blick über die südlichen Gleisanlagen mit den Bahnsteigen der Richtung Hamm – Hannover und Hameln. Die Karte ist 1906 entstanden; bald darauf wurde der Bahnhof vollständig umgestaltet: Die Strecken nach Hameln und Osnabrück wurden zweigleisig ausgebaut, das Empfangsgebäude in Seitenlage statt der bisherigen Inselposition neu errichtet, eine Unterführung zu den Bahnsteigen gebaut und Durchfahrgleise für Güterzüge angelegt. 1914 war der Umbau beendet. Vieles an dem alten Bahnhof Löhne ist wie in Minden ausgeführt, man betrachte nur die Glasüberdachung des Hausbahnsteiges.

Die Fahrt geht nun weiter in Richtung Münster. Der Bahnhof Lengerich liegt an der Strecke von Münster nach Osnabrück, einer weiteren großen Fernstrecke der Cöln-Mindener Bahn, die 1871 eröffnet worden ist, und die auf Bremen und Harburg gerichtet war. Zu jener Zeit baute man auf den kleineren Stationen einen geradlinigen Gutshausstil, wie er hier gut zu erkennen ist. Die Bezeichnung „Staatsbahnhof" kommt daher, daß dahinter auch ein „Nebenbahnhof" der Teutoburger Wald-Eisenbahn liegt; dieser wurde 1901 eröffnet. Dem Stil der Zeit entspricht auch die schwarz-weiß-rote Umrandung der Ansichtskarte, die wenige Jahre vor dem Ersten Weltkrieg erschienen ist.

Der Bahnhof Hiltrup ist nahe Münster an der Strecke von Hamm gelegen. Die Münster-Hammer Eisenbahn hatte ihre Strecke schon im Mai 1848 fertiggestellt und ging 1855 in der Westfälischen Eisenbahn auf, einer preußischen Staatsbahn. 1856 wurde bis Rheine verlängert. Auch hier hat sich das erste Empfangsgebäude nach fünf Jahrzehnten als zu klein erwiesen, und man plante kurz nach der Jahrhundertwende dieses neue Bauwerk aus Naturstein, Ziegeln und schmückenden Fachwerk. Die Form lehnt sich an den Bau von Villen und Ausflugsrestaurants der Zeit deutlich an; vermutlich eigener Entwurf der Staatsbahn.

Auf den Berliner Architekten Raschdorff geht der Entwurf des Hauptbahnhofes von Münster in Westfalen zurück. Er wurde 1890 statt des ersten Bahnhofs von 1848 errichtet, nachdem 1870 – 1871 die Strecke von Wanne über Haltern und Münster bis Osnabrück der Cöln-Mindener Bahn und 1875 die Route von Münster bis Enschede ihren Betrieb aufnahmen. Insgesamt sechs Hauptgleise an drei Bahnsteigen. Das Gebäude liegt seitlich an den höherliegenden Durchgangsgleisen und bietet den Reisenden einen Tunnel zu den Bahnsteigen. Warteraum auf Ebene der Straße. Die Ansichtskarte wurde, wie die Aufschrift zeigt, 1913 benutzt; in der unteren Hälfte befinden sich zwei städtische Plätze mit der Straßenbahn.

Das Bauwerk in Münster war, wie in der vorhergehenden Karte zu sehen, in auffälligen Zierklinkern ausgeführt und mit den in der frühen Gründerzeit üblichen Türmchen und Giebeln geschmückt. Man denkt an den „Ankersteinbaukasten". Der neben dem Hauptgebäude noch sichtbare Anbau mit der Fahrkartenausgabe für 4. Klasse, Militär- und Sonntagsbillets wurde erst nach der Jahrhundertwende errichtet, als die weiteren Strecken von Burgsteinfurt und Rheda noch mehr Verkehr brachten. Schließlich war aber ein Umbau mit Erweiterung nicht länger aufzuschieben, und das alte Gebäude bekam etwa 1930 diese sehr auffällige Form; Postkarte gestempelt 1934. Nach dem Kriege wurde ein moderner Bau errichtet.

Am 15. Oktober 1907 fuhr der erste öffentliche Zug von Münster nach Havixbeck, 1908 ging es dann weiter nach Billerbeck in Richtung Coesfeld. In dieser Ansichtskarte von 1910 erkennt man den frisch gestreuten Schotter der kleinen Station Havixbeck, deren Empfangsgebäude im Hintergrund kaum zu erkennen ist. Die Karte gestattet aber einen schönen Blick über die gesamte Gleisanlage mit Schranken, Gattern, Wasserturm, Telegrafenmasten, Laternen und einen alten Gasthof.

Im Laufe des Jahres 1856 nahm die Cöln-Mindener Eisenbahn auch ihre Strecke von Oberhausen nach Emmerich und Elten an der niederländischen Grenze abschnittsweise in Betrieb; an dieser Linie liegt Wesel. 1874 wurde die Querstrecke von Venlo über Wesel nach Haltern eröffnet, 1878 der Zweig nach Bocholt sowie der Anschluß aus Boxtel und Goch durch die Nordbrabant-Deutsche Eisenbahn. Wesel war also ein beachtlicher Knotenbahnhof, dessen Empfangsgebäude inmitten der Gleise lag. Diese Ansichtskarte aus der Zeit um 1900 zeigt den Bahnhofsvorsteher mit seinen beiden Kindern in den zeittypischen Kostümen, so den Knaben im Matrosenanzug. Der Bau wurde in den fünfziger Jahren durch einen Neubau ersetzt.

Am 15. Oktober 1912 wurde die neue Eisenbahnstrecke von Oberhausen über Hamborn nach Wesel von der Preußischen Staatsbahn in Betrieb genommen, und dieser Bahnhofsbau mit dem kleinen Uhrturm ist im Stil der Nach-Gründerzeit dort errichtet worden. Der Bahnhof hat nur zwei Gleise, aber einen erheblichen Personenverkehr der Zechenarbeiter.

Hamborn, Bahnhof

DUISBURG, BAHNHOF

Duisburg wurde 1846 erstmals von der Cöln-Mindener Eisenbahn aus Richtung Düsseldorf erreicht, die ein Jahr darauf bis Hamm verlängert wurde. 1852 ging das Trajekt über den Rhein bei Ruhrort in Betrieb, 1859 die Bahn von Duisburg nach Hochfeld, und 1862 die Strecke von Mülheim über Styrum nach Duisburg. 1870 baute die Rheinische Bahn von Hochfeld nach Duisburg, 1879 weiter bis Quakenbrück. Um diese Zeit wurde Duisburg zum Kreuzungsbahnhof von zwei getrennten Privatbahngruppen, die im Linienbetrieb beiderseits dieses Inselgebäudes ihre Züge fahren ließen.

In den letzten Jahren vor dem Ersten Weltkrieg sind auch die Bahnanlagen bei Duisburg-Meiderich in der Nähe des Ruhrorter Hafens umgestaltet worden. An diesem Bahnhof, ursprünglich Meiderich Süd, verzweigt sich die Strecke von Ruhrort in die Arme nach Oberhausen und Mülheim. Das alte Empfangsgebäude von 1848 lag als Keilbahnhof zwischen den beiden Zweigen.

Duisburg-Meiderich. Bahnhof

Oberhausen/Rhld. Hauptbahnhof

Nun ein ganz moderner Bahnhof, bei dem der Einfluß des Stuttgarter Neubaus von Bonatz deutlich wird: Oberhausen Hauptbahnhof, 1934 dem Verkehr übergeben. Es ist ein großflächiger Ziegelbau mit auffälligem Uhrenturm, in welchem sich ein Wasserbehälter für den Maschinendienst befand. Die Schalterhalle mit den hohen Fenstern ist vorgebaut, während der Eingang zur Bahnsteigunterführung auch durch die Türen links möglich ist. Klinker und dunkle Terrakotten bestimmen die Oberflächen, die man wegen des Dampflokbetriebes nicht heller anlegen wollte. Karte aus der Zeit um 1938.

In Essen an der Ruhr entstand um die Jahrhundertwende dieses malerische Bauwerk als Empfangsgebäude unter Leitung von Rüdell nach Plänen des Architekten Klingholz, der bald darauf auch den neuen Hauptbahnhof Wiesbaden entwarf. Gotik und Renaissance stellen die äußeren Formen eines Bauwerkes, das wir uns gut auch als Rathaus einer mittelalterlichen Handelsstadt vorstellen können. Die Postkarte ist 1905 gedruckt worden, als der Bau soeben beendet war. Die Eingangshalle ist jeweils 18 m breit und lang; sie wölbt sich unter dem Satteldach nach Art einer Basilika. Die Baukosten lagen bei 537000 Mark.

Der Hauptbahnhof Essen, der an die Stelle des alten Bergisch-Märkischen Bahnhofes trat, verfügte über einen hochgelegenen Bahnkörper mit zwei leichten Bahnsteighallen, die über Tunnel mit Passagiertreppen und über Lastenaufzüge zu erreichen waren. Diese Karte, um 1920 herausgegeben, erlaubt einen Blick auf die westliche Seite der Anlage mit einem einfahrenden Personenzug. Im Zweiten Weltkrieg wurde der Bau zerstört; Neubau in den fünfziger Jahren.

Einen Neubau im Stil der späten wilhelminischen Zeit erhielt die Station Herne um 1913, nachdem das aus der ersten Cöln-Mindener Ära (1847) stammende Gebäude ausgedient hatte. Gleichzeitig baute man die Gleisanlagen in Herne etwas um, indem man die Gleise der Bahn von Hukkarde und die Cöln-Mindener Stammstrecke in östlicher Richtung kreuzungsfrei entflocht. Die etwas undeutlich retuschierte Ansichtskarte ist 1932 versandt worden.

Der Bahnhof Annen Nord liegt an der ersten Strecke der berühmten Bergisch-Märkischen Eisenbahn, die den Abschnitt Schwelm — Hagen — Witten — Dortmund am 28. Dezember 1848 dem Betrieb übergab. Das klassizistische Bauwerk stammte aus diesen frühen Tagen der Eisenbahn und war noch in den zwanziger Jahren, als diese Ansichtskarte verschickt wurde, anstandslos in Gebrauch. Bemerkenswert der Mast für die Straßenbahn-Oberleitung.

Dortmund wurde bereits in frühester Zeit eine Gemeinschaftsanlage von Cöln-Mindener und Bergisch-Märkischer Bahn: Erstere kam von Deutz, Düsseldorf und Duisburg nach Hamm im Mai 1847 heran, letztere im Dezember 1848 von Schwelm. Die Ansichtskarte aus der Zeit der Jahrhundertwende zeigt den schönen romantischen Bau mit seitlich durchgehenden Schienen und Kopfgleisen im Hintergrund; es bestanden aber auch Übergangsmöglichkeiten. Man erkennt, wie beengt der Eisenbahnbetrieb und die Bebauung um diese Zeit bereits gewesen sind.

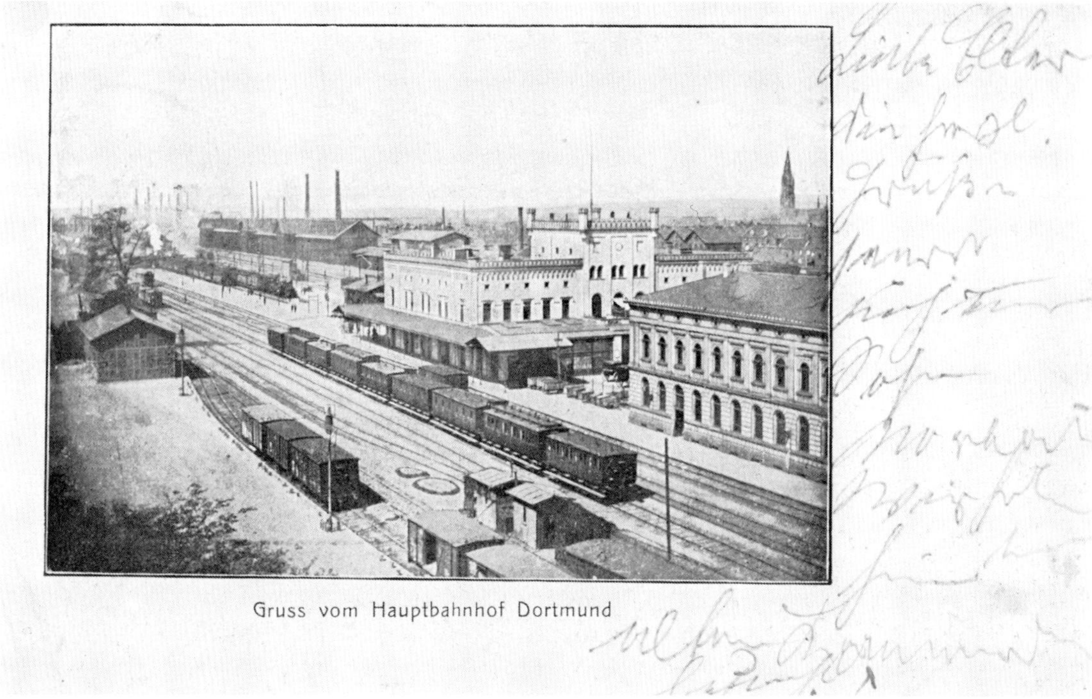

Der "neue" Hauptbahnhof von Dortmund konnte 1910 fertiggestellt werden, und zwar westlich der alten Anlage. Seine äußere Form bewegt sich von gemäßigtem Neubarock zur Prämoderne und läßt mit den Säulen an Dresden-Neustadt denken; noch immer baut man aber großräumige Eingangs- und Schalterhallen, die ein Uhrtürmchen krönt. Außer den Durchgangsgleisen, die 200 m lange Bahnsteigdächer erhalten haben, weist der Bahnhof auch vier Kopfgleise für die Strecke von Witten und Unna (mit Übergangsmöglichkeit) auf. Das Gebäude wurde im Krieg zerstört und durch einen Neubau ersetzt.

Holzwickede bei Dortmund liegt an der Strecke nach Soest, 1855 eröffnet. 1867 wurde von Holzwickede über Schwerte die Bahnstrecke nach Hengstey, ebenfalls von der Bergisch-Märkischen Bahn erbaut, in Verkehr genommen. Holzwickede wurde damit zum Trennungsbahnhof, dessen unauffälliges Empfangsgebäude zwischen den Gleisen der beiden Linien zu liegen kam. Gleisfreien Zugang zum Bahnhof gestattete die Bahnunterführung, die man auf der um 1912 fabrizierten Postkarte in einem Extrabild erkennen kann.

Der alte Bahnhof von Hamm, ein typischer Bau der Cöln-Mindener Bahn wie Dortmund oder Minden mit vielen romantischen Burgzinnen, ist am 15. Mai 1847 seiner Bestimmung übergeben worden; Strecken nach Münster kamen 1848 und nach Paderborn 1850 durch die Westfälische Eisenbahn hinzu. Wieder wurde das Empfangsgebäude zur Insel zwischen den beiden getrennt betriebenen Linien. 1866 ging die Linie der Bergisch-Märkischen Bahn von Unna in Betrieb, dann noch eine Strecke von Recklinghausen. Die Ansichtskarte aus den Jahren um 1902 läßt erkennen, welches Leben da auf den Schienen und auf der Straße, die durch eine Unterführung zum Bahnhofsportal verläuft, geherrscht hat.

Der für die Zeit der Jahrhundertwende typische Um- und Ausbau der Großstadtbahnhöfe wurde in Hamm erst nach 1910 begonnen und erfuhr durch den Ersten Weltkrieg erhebliche Verzögerung. Als der Bau nach 1922 eröffnet wurde, ließ er wie das neue Empfangsgebäude von Frankfurt an der Oder noch deutliche Einflüsse der inzwischen vergessen geglaubten Eklektik spüren. Man sollte aber nicht vergessen, daß solche großen Bauten durch die Verwaltung häufig an verdiente Architekten der älteren Generation vergeben wurden, die ihr ästhetisches Rüstzeug schon Jahrzehnte zuvor erworben hatten. Das Bauwerk liegt nun seitlich des Gleiskörpers und hat Tunnel zum Bahnsteig.

Im Sommer 1922 hat jemand diese Ansichtskarte des Bahnhofes von Neubeckum als Andenken gekauft. Der Ort liegt im Verlauf der 1847 eröffneten Cöln-Mindener Bahn zwischen Hamm und Rheda, doch ist dieses vom Jugendstil beeinflußte Empfangsgebäude zwischen 1910 und 1914 errichtet worden, als entlang der ganzen Strecke getrennte Gütergleise, angehobene Bahnkörper und Neubauten angelegt wurden. In Neubeckum kreuzt die Westfälische Landeseisenbahn mit Strecken von Münster, Lippstadt und Warendorf die Staatsbahn und benutzt den Bahnhof mit.

Als erste Strecke der Westfälischen Eisenbahn wurde im Oktober 1850 die Relation Hamm – Soest – Paderborn eröffnet, an der auch dieser Bahnhof Lippstadt gebaut wurde. Man erkennt den bei preußischen Bahnen verbreiteten Fachwerk- und Ziegelbau mit dem flachen Dach, davor einen für das Jahr 1910 repräsentativen Zug auf dem Weg nach Soest.

Der Bahnhof Olsberg liegt auf halbem Weg zwischen Bestwig und Brilon Wald an der ostwärts führenden Hauptstrecke der Bergisch-Märkischen Bahn nach Hannover und Kassel. Der betreffende Abschnitt von Nuttlar über Brilon und Scherfede nach Warburg ist im Januar 1873 fertiggeworden. Das verschieferte Bahnhofsgebäude gehört zur Erstausstattung, und die Postkarte von 1919 zeigt neben der soeben eingetroffenen Reisegruppe sehr deutlich einen pferdebespannten Postwagen sowie Knaben mit den obligaten Milchkannen.

Erwitte ist ein Bahnhof an der gerade genannten Westfälischen Landeseisenbahn südlich von Lippstadt. Die Strecke nach Belecke und Warstein ist am 1. November 1883 dem Verkehr übergeben worden und hieß damals noch Warstein-Lippstadter Eisenbahn. Dieser Bahnhofsbau dürfte indes erst um die Jahrhundertwende entstanden sein.

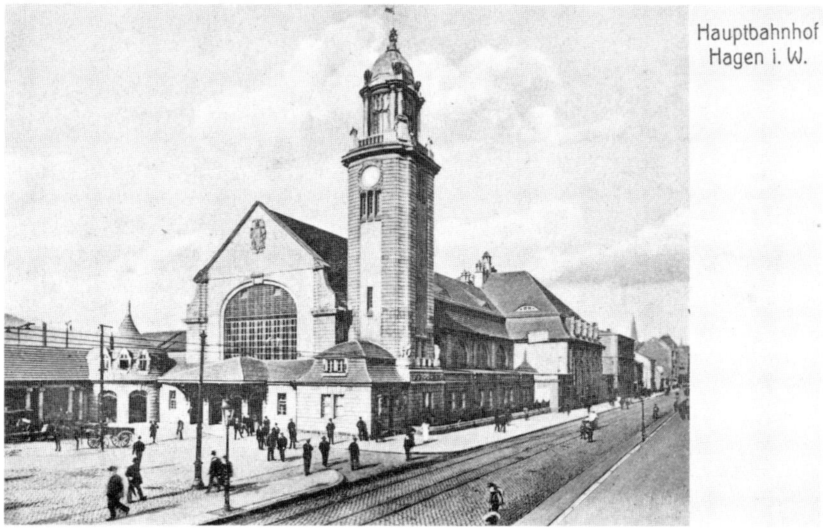

Als „Verkehrstempel" hat man in der zeitgenössischen Fachliteratur das 1910 eröffnete und von Cuny und Morin gebaute Empfangsgebäude von Hagen in Westfalen verspottet, so nahe standen die Formen von Uhrturm, Giebelfenster und angebauten Pavillons in ihrem feierlichen Pomp dem Kirchenbau der wilhelminischen Zeit. Sehr modern dagegen die beiden stählernen Hallen nach Entwurf von Stephany. Den ersten Bahnhof in Hagen hatte die Bergisch-Märkische Bahn an ihrer Strecke von Schwelm nach Dortmund Ende 1848 angelegt, einen Bau nach Art der „italienischen Villa mit Türmen".

Die erste Strecke, welche die Bergisch-Märkische Eisenbahn nach ihrer Gründung am 9. Oktober 1847 überhaupt eröffnete, reichte von Elberfeld bis Schwelm. Während aber die Station in Elberfeld-Döppersberg die Zeiten unbehelligt überstand, baute man in Barmen bei der Anlage eines zweiten Gleispaares kurz nach der Jahrhundertwende bereits einen neuen Hauptbahnhof, den diese Ansichtskarte aus der Zeit um 1920 zeigt. Eröffnet Oktober 1913. Die beiden seitlichen, mit Säulen versehenen Hallen von Ziertmann und Behnes sind, obwohl sie wie Tempelportale aussehen, nicht als Eingänge gedacht, sondern der Zugang der Reisenden erfolgt durch die kleineren Türen in der Mitte. Umbau 1960 fertiggestellt.

Der klassizistische Bau des Bahnhofes Döppersberg in Elberfeld wurde zwischen 1846 und 1850 erbaut. Als die Räume um 1900 zu klein wurden, setzte man dem Erdgeschoß einfach den niedrigen Anbau vor, der in dieser Postkarte von 1912 gut zu erkennen ist. Das Bauwerk wurde bis heute als Denkmal erhalten; den Anbau hat man 1956 durch eine gläserne Vorhalle mit Türen ersetzt, die den Bahnhof wieder besser wirken läßt. Unter den vier dorischen Säulen waren also früher noch drei Rundbögen ähnlich wie am Hauptbahnhof Kassel, sodann klassizistische Fenster. 1960 — 1966 nochmals verändert mit einer großzügigeren Glashalle über die volle Breite des Gebäudes.

In Düsseldorf lassen sich drei Generationen von Bahnhöfen feststellen: Aus der Anfangszeit stammten zwei Kopfbahnhöfe, der Cöln-Mindener und der Rheinische, die seit den vierziger Jahren des vorigen Jahrhunderts nebeneinander etwas außerhalb der Stadt lagen. Diese Bauwerke wurden 1890 durch das hier – in einer Ansichtskarte von 1917 – abgebildete Empfangsgebäude nach Entwurf der Direktion Elberfeld abgelöst. Es war in Seitenlage an Durchgangsgleisen errichtet, doch befand sich als Insel zwischen den „Linien" Neuss – Elberfeld und Köln – Duisburg auch auf dem Bahnsteig ein voluminöses Wartesaalgebäude, vor dem anfangs sogar je vier Kopfgleise mit Drehscheiben (ähnlich Hildesheim, Köln und Dresden) endeten. Die vier Hallen hatten insgesamt 80 m Breite und bis zu 390 m Länge.

Der Düsseldorfer Bahnhof von 1890 ist in verspielter Eklektik gestaltet, zugleich aber streng symmetrisch durchkomponiert. Bereits 1932 – 1936 wurde er durch einen bestechend nüchternen Ziegelbau im Stil der Neuen Sachlichkeit abgelöst, den die Architekten Krüger und Behne gezeichnet haben. Ähnlichkeiten mit Oberhausen und Duisburg sind unverkennbar. Der hohe Uhrenturm und die großen Fenster der Eingangshalle bilden die Akzente an einem Bau, dessen Modernität auch erschrecken kann. Durch den Bau der S-Bahn an Rhein und Ruhr werden hinter der Fassade gegenwärtig einige Veränderungen erforderlich. Eine echte Fotokarte aus dem Jahre 1935.

Fünftes Kapitel:

Die Rheinlande von Köln bis Mainz

Krefeld — Mönchengladbach — Aachen
Köln — Bonn — Mayen — Koblenz
Boppard — Neuwied

Das linksrheinische Gebiet zwischen der niederländischen Grenze und Rheinhessen mit seinen Bahnhöfen auf der Ansichtskarte beschäftigt uns in diesem Abschnitt. Hinzu kommen zwei kurze Abstecher über den Strom, weil auch dort die Cöln-Mindener Bahn und die Rheinische Eisenbahn ihre Strecken und Stationsbauten errichtet haben, ehe die Königliche Eisenbahndirektion Köln einmal das Regiment übernahm. Im Süden wirkte sogar die Direktion Mainz. Wichtigster Bau in dem Bezirk war und ist gewiß der Hauptbahnhof Köln, der mit Hohenzollernbrücke und Dom ein unvergleichliches Denkmal des Bauschaffens im 19. Jahrhundert bildete. In vielen anderen Städten des Bezirks sind aber um die Jahrhundertwende ebenfalls neue Bahnhöfe im „Kaiserstil" entstanden, die zusammen mit den gefälligen kleinen Stationen an den vom Fremdenverkehr bestimmten Strecken in der Eifel nun in mehr als zwanzig Beispielen beschrieben werden sollen. Hierauf werden die Bahnhofsbauten in der Pfalz und an der Saar betrachtet.

Aus dem Ruhrgebiet und Westfalen treten wir mit diesem Kapitel über auf die andere Seite des Rheines: Erste Station ist Krefeld, wo wenige Jahre nach der Jahrhundertwende (1907) dieser für die Zeit sehr typische Neubau errichtet worden ist. Wie in Danzig, Wiesbaden oder Bad Homburg hat man neben die durch Rundbogen betonte Eingangshalle einen Renaissance-Turm gestellt, und wie dort hat man die Wände durch den Kontrast aus Natursteinen und hell verputztem Ziegelmauerwerk zu gliedern versucht. Die Ansichtskarte mit den vielen Menschen vor dem Bau ist am Ende der Bauzeit entstanden; der Vorplatz ist noch Wüstenei.

Ein baugeschichtlich nicht minder bedeutendes Empfangsgebäude, das als Leitbild dem Kapitel vorangestellt sei, hat der Bahnhof von Köln 1891 – 1894 erhalten. Unmittelbar neben dem Kölner Dom gelegen, gehört es mit der Hohenzollernbrücke zu den beeindruckendsten Ensembles im gründerzeitlichen Bauschaffen. Wir müssen hier die Vorgängerbahnhöfe (Rheinischer, Bergisch-Märkischer, Cöln-Mindener und Zentralbahnhof von 1859) außer Betracht lassen, weil sie vor der Ära der Bildpostkarte schon wieder verschwunden sind, und uns allein mit dem historischen Werk des Aachener Baumeisters Georg Frentzen (beteiligt war auch J. E. Jacobsthal) beschäftigen. Mehr dazu weiter unten. Die Ansichtskarte stammt aus dem Jahre 1905.

Der Bahnhof Kaldenkirchen wurde 1866 an der Strecke von Viersen und Dülken nach dem niederländischen Venlo eröffnet; um deren Bau bemühten sich nacheinander die Preußisch-Niederländische Verbindungsbahn und die Gladbach-Venloer Eisenbahn, die ihrerseits zur Bergisch-Märkischen Bahn gehörte. 1867 — 1868 baute die Rheinische Eisenbahn die Strecke von Kempen nach Kaldenkirchen und ein zusätzliches Gleis von dort zur Landesgrenze. Die Gleisanlage mit den beiden später überdachten Bahnsteigen in Kaldenkirchen trägt diesen komplexen Verhältnissen Rechnung; das klassizistische Empfangsgebäude hat als Besonderheit ein größeres Portal. Die Karte ist kurz vor 1910 gedruckt worden.

Die Rheinische Eisenbahn hat im November 1877 ihre Strecke von Krefeld über Neersen nach Gladbach eröffnet. Sie traf dort auf den bereits seit 1851 betriebenen Bahnhof der Aachen-Düsseldorf-Ruhrorter Eisenbahn. Die Bahn von Neersen gabelte sich vor Gladbach, um Güterzüge über den Speik im Bogen um Gladbach herum nach Rheydt weiterzuführen. An der Stelle dieser Abzweigung wurde auch der Bahnhof Neuwerk angelegt. Das Gebäude ist recht unauffällig ausgeführt und hat die Höhe nur erhalten, weil die Gleise zur Überbrückung der Strecke nach Viersen bereits hochgeführt sind. Postkarte benutzt 1918.

Einen weiteren spätwilhelminischen Bahnhof hat die Königliche Eisenbahndirektion Köln nach Plänen von C. G. Bensel seit der Jahrhundertwende in der rheinischen Baumwollstadt Mönchen-Gladbach errichten lassen. Die schmückenden Giebel vor Schalterhalle und Wartesaal stehen etwas unvermittelt an dem eigentlich bereits recht schlichten Bau, der auch schon ohne Turm ausgeführt werden konnte. Die Ansichtskarte dürfte, wie sich an den Automobilen ablesen läßt, kurz vor dem Ersten Weltkrieg aufgenommen worden sein.

Besieht man sich die Rückseite des neuen Empfangsgebäudes von Mönchen-Gladbach, die in dieser Ansichtskarte aus der Zeit der Reichsbahn (um 1925) rechts abgebildet ist, dann wird die Form der Baumassen ohne die großen Schaufassaden erkennbar. Auf diesem Durchgangsbahnhof mit der fünfschiffigen Halle, gleisfreiem Zugang für die Reisenden und getrennten Gepäckbahnsteigen herrscht lebhafter Betrieb mit preußischen Eisenbahnfahrzeugen. Blick auf den nördlichen Bahnhofskopf mit den Ausfahrt in Richtung Neuss, Neersen und Viersen.

Über den neubarocken Bahnhofsbau in Aachen von 1905, dessen gesamte Fassade mit dem vorgeblendeten Giebel aus Naturstein besteht, ist bereits im Einleitungskapitel etwas gesagt. Der erste Bahnhof in Aachen war schon 1852 mit der 1841 – 1843 von der Rheinischen Eisenbahn im Verlauf ihrer Linie von Köln über Düren, Eschweiler und Aachen nach der Grenze bei Herbesthal gebaut worden. 1852 folgte die Bahn nach Herzogenrath, Gladbach und Oberkassel am Rhein als Teil der Aachen-Düsseldorf-Ruhrorter Eisenbahn. Vergleicht man diese Karte von 1906 mit dem farbigen Bild am Anfang, so fallen Unterschiede am Vorplatz auf. 1967 renoviert und etwas verändert.

Nächste Station ist nun Herbesthal. Die Ansichtskarten von diesem Bahnhof sind Legion, denn während des Ersten Weltkrieges haben die Soldaten, bevor sie in das besetzte Belgien weiterfuhren, zu Hunderttausenden einen letzten Gruß von dort in ihre Heimat geschrieben. Der erste Bahnhofsbau hier wurde 1843 fertiggestellt, er ist in der Mitte dieser Karte von 1916 zu sehen. Erweiterungen wurden in den siebziger Jahren notwendig. Nach 1918 wurde die Station mit dem Gebiet um Eupen und Malmedy belgisch.

Größter Bahnknotenpunkt im westlichen Deutschland und flächenmäßig nach Frankfurt (Main) auch die zweitgrößte Bahnsteighalle – mit diesen Prädikaten konnte sich der Hauptbahnhof Köln schmücken, der 1891 bis 1894 im Stil der Renaissance neu erbaut worden war. Reichverziert mit Krone der Uhrturm und das Portal der Schalterhalle, durch die der Reisende den Tunnel unter den Gleisen erreicht. Die Halle ist 65 m breit, 260 m lang und 24 m hoch, sie steht unter Denkmalschutz und wird derzeit restauriert. Rechts auf dieser Karte von 1914 sind die Hohenzollernbrücke (1907 – 1911) nach Entwurf Franz Schwechtens und die Hallenerweiterung (1909 – 1915) gut zu erkennen. Ursprünglich waren von den acht Gleisen nur vier durchgehend, während die mittleren vier Gleise aus beiden Richtungen in der Halle an einem großen Inselgebäude endeten, das 1909 abgebrochen wurde. Im Zweiten Weltkrieg wurde Köln Hbf stark beschädigt, 1952 – 1957 mit gläserner Vorhalle modern wiederaufgebaut.

Auf der anderen Rheinseite – im Hintergrund dieser Ansicht von „Ed. Becker, Postk. en gros, Cöln, Marienplatz" aus dem Jahre 1916 sind Dom und Hohenzollernbrücke abermals zu sehen – wurde 1913/14 der neue Deutzer Bahnhof errichtet. Architekt war der Regierungs- und Baurat Hugo Röttcher. Köln bekam nach Berlin das zweite „Stadtbahnsystem" im Deutschen Reich. Man erkennt neubarocke Türmchen und Ornamente erst auf den zweiten Blick, denn alle Aufmerksamkeit wird von der riesigen runden Eingangshalle mit der schiefergedeckten Kuppel angezogen. Auch bei der dreischiffigen Halle von 176 m Länge und 65 m Breite ist der mittlere Bogen deutlich größer ausgeführt. Deutz ist Turmbahnhof, denn die vom Hauptbahnhof kommenden Gleise liegen über der rechtsrheinischen Strecke.

Nach Mülheim bei Köln führten früher gleich drei konkurrierende Bahnen hinein: die Cöln-Mindener, die Bergisch-Märkische und die Rheinische Eisenbahn suchten hier Fracht und Fahrgäste zwischen Köln und dem Ruhrgebiet zu befördern. Solche Trennung war nach Übernahme der Bahnen durch Preußen und die Eisenbahndirektionen Köln und Elberfeld, die hier ihre Grenze haben, recht hinderlich. Zu einem neuen Bahnhof, dessen Architektur von Mettegang und Müller dem Werkbund verpflichtet ist und einen Blick nach Darmstadt anregt, kam es indes erst einige Zeit nach der Jahrhundertwende; 1910. Die Karte hat man 1917 geschrieben.

Eklektik heißt wörtlich das Heraussuchen aus vorhandenen Beständen. Beim Bau des Bahnhofes von Bonn hat sich die Rheinische Eisenbahn, die 1857 die von der Bonn-Cölner Eisenbahn ihre 1844 eröffnete Stammstrecke übernahm (die schon 1855–1856 bis Rolandseck verlängert worden war) und 1880 noch eine eigene Linie nach Euskirchen von Bonn schuf, den Renaissancestil aus der Vergangenheit der Architektur gewählt. Nach Plänen von Unger und Schellen 1884 fertiggestellt. Der symmetrisch angelegte Bau, wiedergegeben nach einer dunklen „Mondkarte" von 1898, ist heute noch vorhanden. Ein ähnlich gegliederter Bau wurde in Mannheim errichtet; auch dort eine Betonung von Eingangshalle und Eckpavillons. Als Bonn zur Bundeshauptstadt geworden war, wollte man 1961 die Bahn aus dem Zentrum nehmen und zwischen Bonn und Godesberg einen neuen Fernbahnhof errichten; Plan nicht verwirklicht.

In Bad Godesberg hat man sich von dem alten Bahnhof vor dem Ersten Weltkrieg getrennt und 1912 dieses sehr gefällige Bauwerk im prämodernen Stil von Mettegang neu ausgeführt. Noch etwas verspielt wirkt das Türmchen, doch vermag das die gute Gestaltung der Eingangshalle kaum zu beeinträchtigen. Diese Form ist auch an den Beispielen Oldenburg und Karlsruhe wieder zu finden. Die Ansichtskarte mit der rundlichen deutschen Schreibschrift ist als echte Fotokarte vervielfältigt und im Sommer 1941 versandt worden. Das Porto kostete 6 Pfennig.

Die nächsten Etappen unserer Reise führen am Rhein entlang, durch die Eifel und den Westerwald südwärts. Die Rheinische Eisenbahn hat ihre Strecke von Rolandseck bis Remagen am 21. Januar 1851 eröffnet, und die weitere Rheinstrecke bis Bingerbrück folgte in Abschnitten bis Ende 1859. Im September 1880 ging die Zweigstrecke von Remagen in das Ahrtal nach Ahrweiler in Betrieb. Der alte Bahnhof, links in dieser Postkarte aus der Zeit um 1912 zu sehen, wurde von Josef Seche in einem gewissen Heimatstil jener Jahre gehalten, und auch der nach 1900 hinzugekommene Anbau rechts ist typisch für das regionale Bauen der Epoche. Schön ist auf dieser Karte ein Pferdeomnibus zu sehen.

Im Dezember 1886 war die Ahrtalbahn weiter bis Altenahr, im Juli 1888 bis Adenau befahrbar. Linienführung und Bauten waren in erster Linie vom Fremdenverkehr geprägt. Hier, im Bahnhof von Altenahr (Postkarte von 1908), konnten Ausflugszüge beginnen und enden, deren Fahrgäste die Burgruine oder das Teufelsloch in dem eng gewundenen Flußtal besuchen wollten. Die geräumige Wartehalle läßt auch daran denken, wie sehr die Witterung solchen Ausflügen mitspielen konnte.

Das Ahrtal, Altenahr vom schwarzen Kreuz.

Der Eifelort Daun mit den Dauner Maaren und der gräflichen Burgruine wurde erst mit dem Bau der Eisenbahn von Andernach und Mayen nach Gerolstein zum bekannten Kurort, zog dann aber bald soviel Verkehr an, daß der Bahnhof erweitert und mit Unterführung versehen werden konnte. 1909 kam der Bau der Bahn nach Wittlich und Wengerohr an der Moselstrecke hinzu; die Karte zeigt den Zustand von 1914 mit Lokschuppen und Wasserkran.

Die Bahnstrecke von Andernach bis Mayen wurde in zwei Teilen 1878 und 1880 eröffnet; sie gehörte zu den letzten Bauvorhaben der Rheinischen Eisenbahn vor deren Verstaatlichung. Zunächst genügte der schmale, an englische Burgen erinnernde Bau, den die Ansichtskarte von 1914 rechts zeigt. Als aber die Bahn über Daun bis Gerolstein verlängert wurde, es in Mayen einen Westbahnhof gab, und man eine weitere Strecke von Koblenz über Polch nach Mayen Ost gebaut hatte, mußte auch hier das Gebäude um den hell verputzten Teil ergänzt werden. Nach dem Krieg wurde ein Neubau errichtet.

An der Eifelbahn, welche die Rheinische Eisenbahn von Euskirchen nach Trier zwischen 1865 und 1871 gebaut hat, ging der Bahnhof von Jünkerath mit dem Abschnitt Sötenich – Gerolstein am 16. November 1870 in Betrieb. Der Baustil des Empfangsgebäudes, das in dieser Karte aus dem Jahre 1918 neben dem Wasserturm zu erkennen ist, weist enge Verwandtschaft mit den gezeigten Bauten dieser Bahn im Ahrtahl auf; Entwurf von Seche. Ein neues Empfangsgebäude mit Unterführungen zu den Bahnsteigen ist aber noch vor 1914 hinzugekommen, als der Verkehr auf der Eifelstrecke und ihren Ästen anschwoll.

Koblenz, im Jahre 1858 von der Rheinischen Eisenbahn aus Neuwied erreicht, hatte deren Bau in der Stadt sowie am Löhrtor den Moselbahnhof von 1879. An dessen Standort erhielt Koblenz 1904 – 1905 seinen Hauptbahnhof der Gründerzeit. Der Architekt Biecker entwarf unter Mitarbeit von Thömer und Rüdell ein malerisches Bauwerk mit gewissen Rückgriffen auf Formen der Renaissance, wie sie gleichzeitig auch am Hauptbahnhof von Essen wieder erstanden sind. Fünf hochliegende Bahnsteiggleise sind unter den beiden Hallenschiffen geschützt untergebracht. Auch diese Anlage ist, in Einzelheiten abgewandelt, heute noch vorhanden. Die Ansichtskarte aus dem Jahre 1905 zeigt den Eröffnungszustand; Baukosten etwa 460000 Mark.

Der „Gruß aus Metternich" bei Koblenz ist 1907 gedruckt und verschrieben worden. Die Station liegt an der 1904 eröffneten Strecke von Lützel über Polch nach Mayen, die schon erwähnt worden ist. Im Vergleich zur vorstehenden Karte (Koblenz Hauptbahnhof) wird deutlich, wie zurückhaltend und klar man damals die kleineren Bahnhöfe gestaltete. Etwas im Jugendstil geschwungen ist das Regendach vor dem Eingang, während des ganze Bauwerk den zeitgenössischen Villen- und Wirtshausbau wiederspiegelt. Das auf der Karte außerdem abgedruckte Schloß Himmrode zeigt aber zugleich, welcher Vorbilder man sich damals im Bau großer und repräsentativer Bahnhöfe gern bediente.

Etwa zehn Kilometer hinter Koblenz auf dem Weg nach Mainz wird Rhens am Rhein erreicht. Über die dortigen Sehenswürdigkeiten informiert die Ansichtskarte von 1906 mit den drei kleinen Bildchen. Wer den „Königsstuhl" der rheinischen Kurfürsten aus der frühen Gotik (1843 neu aufgeführt) betrachtet, wird darin stilistische Vorbilder für viele Bahnhofsbauten des späten 19. Jahrhunderts erkennen. Die Bahnstation von Rhens selbst wurde 1859 mit dem Bau der Rheinischen Eisenbahn zwischen Koblenz und Bingerbrück errichtet; sie verkörpert den Backsteinstil der ländlichen Gutshöfe, der sich über Schinkel bis nach Norditalien verfolgen läßt.

Am 12. Mai 1908 ist diese Ansichtskarte vom Bahnhof Boppard am Rhein mit der Bahnpost nach Mainz abgeschickt worden. Die Karte selbst dürfte aber, da sie noch Platz zum Schreiben auf der Bildseite bietet, um 1905 entstanden sein. Die Abbildung zeigt also den Zustand, der vor Einführung der Steilstrecke mit Zahnstangenbetrieb von Boppard über Pfalzfeld und Kastellaun nach Simmern (durchgehend eröffnet am 3. August 1908) bestanden hat. Das Bahnhofsgebäude aus der Zeit der Rheinischen Eisenbahn (1865) ist von spätklassizistischer Unaufdringlichkeit.

Auf der rechten Rheinseite liegt Neuwied, und mit den folgenden Karten soll ein kurzer Abstecher zu Bahnhöfen im Westerwald gemacht werden. Neuwied wurde von der Rheinischen Eisenbahn aus Richtung Ehrenbreitstein am 27. Oktober 1869 erreicht, und bis 1871 war die Verbindung nach Troisdorf fertiggestellt. In dieser starkfarbigen Ansichtspostkarte, die 1914 zum Vertrieb gelangte, ist hinter dem alten unauffälligen Empfangsgebäude bereits ein Erweiterungsbau mit Restauration und Dachgarten aus der Zeit um 1910 zu erkennen; auch der Anbau für Fürstlichkeiten vorn links mit der Uhr ist zugleich entstanden. In den fünfziger Jahren genügte das nicht mehr, und ein Neubau kam hinzu.

Grenzau liegt an der Bahn von Engers (bei Neuwied am Rhein) nach Altenkirchen, die am 30. Mai 1884 eröffnet worden ist. Zugleich wurde die Stichbahn von Grenzau nach Höhr dem Betrieb übergeben. Wir betreten damit vorübergehend nassauisches Gebiet. Hier handelt es sich um einen frühen Bau der preußischen Staatsbahn mit Annäherung an den Regionalstil, der auch in der Verschieferung der Außenwände zum Ausdruck kommt. Die Ansichtskarte dürfte, nach der Beschriftung zu urteilen, erst nach dem Zweiten Weltkrieg entstanden sein.

Die Erschließung des Westerwaldes ging in langsameren Etappen voran. Von Kreuzthal nach Hilchenbach dampfte der erste Zug 1884, und die Bahn von Hilchenbach nach Leimstruth, an der auch Erndtebrück liegt, wurde am 1. Oktober 1888 eröffnet. Im Gegensatz zum Bahnhof Vormwald, den die nächste Karte zeigt, hat aber das erste Empfangsgebäude von Erndtebrück nicht lange gestanden. 1889 wurde hier eine Zweigbahn nach Birkelbach eingeführt, und als diese bis Berleburg und schließlich bis Frankenberg an der Eder (1910 – 1911) verlängert wurde, da baute man auch in Erndtebrück ein neues Gebäude mit Bahnsteigunterführungen; entfernter Jugendstil steckt darin. Karte von 1924.

Nun also der Bahnhof von Vormwald, über dessen Strecke Hilchenbach – Leimstruth gerade berichtet wurde. Möglicherweise ist dieses massive Empfangsgebäude erst einige Jahre nach Eröffnung der Strecke im Jahre 1888 fertiggestellt worden, denn mit dem Ausbau von Zwischenstationen ließ man sich in dieser Ära der umfangreichen Staatsbahnbauten mitunter etwas Zeit. Die Ansichtskarte mit Textfeld auf der Bildseite ist 1905 geschrieben.

Sechstes Kapitel:

Durch Pfalz und Saarland

Mainz — Bad Kreuznach — Trier — Saarlouis
Saarbrücken — Pirmasens — Landau — Ludwigshafen

Solche eisenbahngeschichtlich in Entstehung und Verwaltung, in Technik und Architektur unterschiedlichen Regionen wie das Saarland, das schon früh in den Sog Preußens geriet, und die Pfalz, die auch „Bayern links des Rheines" hieß, in einem Kapitel abzuhandeln, ist nicht einfach. Auch heute gehören sie noch zu zwei unterschiedlichen Bundesländern, aber die Eisenbahn als Bindeglied hat schon im späten 19. Jahrhundert für eine enge Verbindung der verschiedenen Gebiete gesorgt: Übergangsbahnhöfe zwischen der Saarbrücker Eisenbahn, der Hessischen Ludwigsbahn (in Rheinhessen) und den vereinigten Pfälzischen Eisenbahnen mußten geschaffen werden, deren Gebäude und Gleisanlagen in den nachstehenden Kartenabbildungen wiederkehren. Im Lauf der Jahrzehnte haben hier die Eisenbahndirektionen St. Johann-Saarbrücken, Trier, Mainz und Ludwigshafen die Strecken verwaltet, und vorübergehend waren die Saarbahnen auch eine selbständige Affäre. Die neuen Bahnhöfe der Bundesbahn in Ludwigshafen und Saarbrücken können wir auf den historischen Ansichtskarten allerdings nicht mehr zeigen. Das nächstfolgende Kapitel führt über den Rhein nach Hessen und Nassau.

Die Pfalz und das Saarland sind unsere nächsten Reiseziele: Leider sind die alten Bahnhofsanlagen der Hessischen Ludwigsbahn in Mainz, die ihre erste Strecke 1853 von dort nach Oppenheim eröffnete, vor der Epoche der Ansichtskarte verschwunden. Ein modernerer Durchgangsbahnhof der Kaiserzeit ist schon anno 1884 in Mainz eröffnet worden, wieder mit einem zwischen Romantik und Historismus stehenden Gebäude. Fünf Hauptgleise mit zwei Inselbahnsteigen waren unter der Halle von 300 m Länge und 42 m Breite verborgen; in den dreißiger Jahren wurde eine neue geschweißte Halle errichtet. Wie beim Hauptbahnhof Straßburg lagen die Wartesäle in Höhe der Gleise. Zwischen 1952 und 1955 wurde der Bau mit recht deutlichen Änderungen nach Vorschlag von Geisler wiederaufgebaut, die Türme sind gekappt worden.

Der Hauptbahnhof Saarbrücken ist als Symbol für den zweiten Teil dieses Kapitels den folgenden Ansichtskarten vorangestellt, und als Symbol hat man in Preußen und Deutschland diesen Bezirk gegenüber Frankreich auch immer wieder begriffen: die Saarbrücker Eisenbahn war von Anfang an, seit 1850, eine preußische Staatsbahn, und ging 1880 im Bezirk der Direktion Köln (linksrheinisch) auf. Das hier in einer Ansichtskarte von 1916 abgebildete Bauwerk mit dem reichen Flügelrad-Schmuck ist 1890 entstanden; es besteht aus dem seitlichen Eingangsgebäude und einem geräumigen Inselbau zwischen den Gleisen, der erst 1978 beseitigt worden ist. Schon 1966 war ein ganz moderner Seitenbau mit fünf Stockwerken ausgeführt worden.

Die Rhein-Nahe-Bahn hat 1858 ihre Strecke von Bingerbrück nach Kreuznach eröffnet und diese 1859 bis Oberstein, 1860 bis Neunkirchen fortgesetzt. Der rege Ausflugsbetrieb ins Nahetal, in dessen Folge auch die Bahn von Mainz über Gau-Algesheim nach Bad Münster und Langmeil im Mai 1902 eröffnet werden konnte, hatte einen Bahnhofneubau in Bad Kreuznach zur Folge. Diese Bildpostkarte von 1916 zeigt das gefällige Gebäude mit betonter Eingangshalle und dem für die Zeit typischen Walmdach, das gewisse Jugendstil-Einflüsse sehen läßt. Zugleich wurden Unterführungen zu den vier Hauptgleisen angelegt. 1960 neu aufgebaut.

Dillingen an der Saar ist hier mit einer kleinen Bildpostkarte aus dem Jahre 1913 vertreten. Dort zweigen von der Strecke Trier — Saarbrücken (1858 — 1860 eröffnet) die Gleise nach Diedenhofen (Busendorf) und Primsweiler ab. Wie zuvor mehrfach dokumentiert, ist auch hier das schmalbrüstige alte Bahnhofsgebäude aus der Anfangszeit nach der Jahrhundertwende durch Anbauten erweitert worden, die einen behäbig-breiten Rundbogen zeigen und ein Krüppelwalmdach tragen — so änderten sich die Stile.

Wenn man den Bahnhof von Trier betrachtet, wie er sich in dieser Ansichtskarte aus der Zeit um 1914 präsentiert, wird man unwillkürlich an Bonn oder Mannheim erinnert; ähnlich war auch Mülhausen im Elsaß ausgeführt. Die Saarbrücker Eisenbahn kam 1860 nach Trier, und die Rheinische Eisenbahn langte dort 1871 mit ihrer Eifelbahn an. 1879 trat die Moseltalbahn aus Koblenz hinzu. Um diese Zeit baute man als Ersatz für die erste bescheidene Anlage dieses Gebäude im Stil der deutschen Renaissance, vor dem die Nahverkehrsmittel der wilhelminischen Ära stehen. Nach dem Kriege umgebaut.

Einen schönen Neubau hat Saarlouis, an der Strecke von Trier nach Saarbrücken gelegen, um das Jahr 1910 erhalten. Die Aufnahme zur Postkarte zeigt den Zustand gerade bei Fertigstellung, und der neu angelegte Bahnhofsvorplatz liegt karg und leer in der Mittagssonne da. Das Gebäude mit dem angedeuteten Mansardendach gehört zu den Versuchen, die Anregungen des Jugendstils im Kunstgewerbe auch auf die Architektur anzuwenden.

Wenige Kilometer weiter in Richtung Saarbrücken liegt Völklingen an der Bahn von Trier, die 1858 – 1860 gebaut worden ist. Später zweigte hier auch eine Strecke nach Diedenhofen ab. Der kleinteilige Bau aus der Zeit der Saarbrükker Eisenbahn bietet wenig Auffallendes; die Gleisanlagen wurden ab 1908 umgestaltet. Diese Ansicht wurde 1915 als Feldpostkarte verschickt.

Nun noch einmal Saarbrücken Hauptbahnhof mit seinem deutlich in Seitenflügel und Inselgebäude getrennten Bau im Stil der Eklektik. Zugang zu den Bahnsteigen durch einen Personentunnel. Die Bahnen an der Saar erhielten nach dem Ersten Weltkrieg eine eigene Verwaltung, da auch das Land selbst 15 Jahre nicht unter deutscher Hoheit stand. Als nach der Abstimmung von 1935 das Saarland wieder Teil des Reiches wurde, bekam man das auch am Hauptbahnhof von Saarbrücken deutlich zu sehen: Der neue Schriftzug und die Hakenkreuzfahnen in dieser Karte von 1940 sprechen ihre eigene Sprache. Zusätzliche Baracken der Reichsbahn stehen vor dem Eingang, Platzmangel also auch hier. Ein damals geplanter Neubau war nach Kriegsbeginn nicht mehr durchführbar; dann Bombenschäden.

Neunkirchen an der Saar ist ein typischer Keilbahnhof. Das Empfangsgebäude liegt zwischen den beiden aus Bingerbrück und Homburg herankommenden Streckenästen, die sich auf der anderen Seite ostwärts nach Saarbrücken und Schiffweiler fortsetzen. Der alte Bahnhof aus der Zeit der Pfälzischen Ludwigsbahn, der Rhein-Nahe-Bahn und der Saarbrücker Eisenbahn machte 1910 diesem Neubau Platz; zugleich wurden auch die Personenzuggleise umgebaut und durch Güterzuggleise überbrückt, um kreuzungsfrei zwischen den einzelnen Strecken wechseln zu können. Diese fotografische Karte ist in den dreißiger Jahren entstanden.

Pirmasens wurde erst im Jahre 1875 von der Eisenbahn erreicht; damals baute man die 8 km lange Zweigbahn von Biebermühle an der gleichzeitig fertiggestellten Strecke Annweiler – Zweibrücken der Pfälzischen Ludwigsbahn. Biebermühle wurde später in Pirmasens Nord umbenannt; der Hauptbahnhof von Pirmasens blieb aber für immer Endstation. Wir erkennen in dieser Fotokarte von 1938 ein für den Westen Deutschlands recht typisches dreigliedriges Bauwerk im Stil der deutschen Renaissance.

Das Empfangsgebäude von Landau in der Pfalz, wenige Jahre vor Pirmasens entstanden, verkörpert die gleiche architektonische Schule der Neurenaissance, ist aber in manchen Details etwas filigraner ausgeführt. Zwischen 1856 und 1880 leitete Casimir Basler als Oberingenieur den Bau und Betrieb der Pfälzischen Eisenbahnen. Die erste Linie von Neustadt über Landau nach Weissenburg hat die Pfälzische Maximiliansbahn bereits 1855 in Betrieb genommen, dazu kam 1872 die Bahn nach Germersheim und 1875 die nach Zweibrücken. Die Ansichtskarte aus der Zeit um 1914 zeigt auch bemerkenswerte Straßenverkehrsmittel. 1961 – 1962 durch einen Neubau ersetzt, der eine wirkungsvolle Glasfront besitzt.

Der neue Bahnhof von Neustadt an der Haardt (heute Neustadt an der Weinstraße) ist im Juni 1866 dem Verkehr übergeben worden; eine Anschlußstation für die vier Bahnarme von Schifferstadt, Dürkheim und Landau im Westen und Homburg (Pfalz) im Osten. Die Ansichtskarte von 1916, bereits wie ein Bild mit Rahmen zum Aufhängen gedruckt, läßt nur einen Teil des klassizistischen Empfangsgebäudes sehen. Deutlich kleiner als die Eckbauten mit Restauration und Herrschaftszimmern ist das mittlere Vestibül ausgeführt; nachträglich erhielt es einen Mansardenaufsatz.

Am 11. Juni 1847 wurde die erste Strecke der Pfälzischen Ludwigsbahn von Ludwigshafen nach Neustadt mit dem Abzweig von Schifferstadt nach Speyer eröffnet. Wir sehen in dieser Postkarte aus den Jahren um 1910 aber nicht mehr den ersten Bahnhof, sondern einen wohl in den achtziger Jahren entstandenen Neubau im einfachen Eisenbahnstil, wie er damals hundertfach ausgeführt worden ist. 1904 – 1905 hat man in Schifferstadt die Bahnhofsdurchfahrt modernisiert.

Mit dem Bahnhof von Ludwigshafen am Rhein endet unser kurzer Streifzug durch die Bahnhofsarchitektur der Pfalz. Dort sind drei Strekken aus Richtung Schifferstadt (1847), Mainz (1853) und Mannheim (1867) in das erste Bahnhofsgebäude eingeleitet worden, das dadurch und infolge des wachsenden Verkehrs in den Jahren 1882, 1896, 1911 und 1921 immer wieder erweitert worden ist. Auch in dieser Ansichtskarte von 1912 kann man aber die Teile der ersten Baustufe noch ausmachen, die von der Pfälzischen Ludwigsbahn stammte. Pläne, den Kopfbahnhof Ludwigshafen mit einer Umgehungskurve zu umfahren, wurden ab 1915 gemacht, aber erst 1958 realisiert. Eine endgültige Lösung der Ludwigshafener Eisenbahnprobleme kam dann mit dem Neubau des Hauptbahnhofes als Durchgangsbahnhof 1969.

Siebentes Kapitel:

In Hessen und Nassau

Frankfurt a. M. — Darmstadt — Bad Homburg
Wiesbaden — Gießen — Kassel — Bebra

Das Land Hessen, dessen Bahnstrecken heute allein von der Bundesbahndirektion Frankfurt (Main) verwaltet und im Hochbauwesen betreut werden, hat mit seinen drei historischen Vorläufern Nassau, Hessen-Kassel und Hessen-Darmstadt nebst der Freien Reichsstadt Frankfurt eine sehr wechselhafte Eisenbahngeschichte gehabt. Mit der Ausrichtung der Region auf Preußen nach 1866, die auf unserem Fachgebiet schließlich zur Preußisch-Hessischen Staatseisenbahngemeinschaft von 1896 führte, wurde der Bau vieler neuer Strecken und Stationen notwendig: der heute fast hundertjährige Frankfurter Hauptbahnhof ist das Symbol dafür, wie die Zeit der alten Main-Weser-Bahn, der Bebra-Hanauer-Bahn, der Main-Neckar-Bahn und der Hessischen Ludwigsbahn damals ausklang zugunsten der Königlichen Eisenbahndirektionen in Frankfurt und Cassel sowie der Gemeinschaftsdirektion Mainz. Erfreulich ist, wie viele vom Jugendstil beeinflußte Bahnhöfe man im kunstsinnigen Hessen errichtet hat, und welche beachtlichen Gründerzeitbauten die Verwaltung in Wiesbaden oder Homburg vor der Höhe ausführen ließ.

An die Spitze des Abschnitts über die Bahnhöfe im heutigen Hessen sei diese alte Karte vom Bahnhof Elm gestellt. Elm ist heute als Bahnhof vollkommen vergessen, doch in der Zeit unserer Vorväter bildete die Station zwischen Schlüchtern und Flieden am Diestelrasen eine wichtige Landmarke auf dem Weg von Nord nach Süd. Die Bebra-Hannover Bahn nahm ihre Stammstrecke zwischen 1866 und 1868 in Betrieb. 1872 die Bahn von Elm bis Gemünden. Der Landrücken bei Elm konnte nur mit künstlicher Längenentwicklung umfahren werden, und so baute man eine der in Deutschland sonst wenig gebräuchlichen Spitzkehren. Die Züge nahmen hier Aufenthalt, und eine Lok setzt sich ans andere Zugende. 1909 – 1914 wurde der Distelrasentunnel gebaut, der Elm seine Bedeutung nahm. Die lithografische Karte von 1898 zeigt das schlichte Inselgebäude, 1866 erbaut.

Bald einhundert Jahre ist der Frankfurter Hauptbahnhof, 1888 fertiggestellt, jetzt alt. Zuvor hatte es drei kleine Bahnhöfe der Privatbahnen (Taunusbahn 1839, Main-Neckar-Bahn 1846 und Main-Weser-Bahn 1852) gegeben, die aber vor der Ansichtkartenzeit abgerissen worden sind. Das neue Bauwerk ist von Georg Eggert als Kopfbahnhof mit drei Hallen entworfen worden, welche an drei Seiten von dem eigentlichen Empfangsgebäude umfaßt wurden. Vorgesetzt ist eine große Eingangshalle, deren Tonnendach die Form des mittleren Hallenschiffes weitergibt. Die Fassade, in kräftig strukturiertem Pfälzer und Heilbronner Sandstein auf Granitsockel gehalten, zeigt wieder Muster der sogenannten deutschen Renaissance. Diese Ansicht ist im Jahre 1900 versandt worden.

Der Frankfurter Hauptbahnhof ist damals als bedeutendstes Symbol gründerzeitlicher Leistungsfähigkeit und Ingenieurkunst bestaunt worden, er war zugleich Ausdruck der auf das ganze Reich übergreifenden Vormachtstellung Preußens. Diese Ansichtkarte von 1906 gewährt einen Blick in die mittlere der ursprünglichen drei Hallen mit der Eingangs- und Schalterhalle.

Klar und ohne Schnörkel sind materialgerecht die Hallenbögen mit der Abdeckung aus Glas und Wellblech konstruiert worden; im Kontrast dazu steht die Formgebung, sobald sie in Stein arbeitet. Die Ansichtskarte von 1910 zeigt einen Seitenflügel-Turm, der heute nicht mehr besteht: Sechs zweigleisige Strecken, die sich zum Teil in mehrere Linien gabeln, waren selbständig in den Bahnhof eingeführt, wobei es verschiedener Kunstgriffe bedurfte, um den Übergang von Strecken zu bewerkstelligen, die nicht nebeneinander lagen. 1910 fuhren hier auf 18 Gleisen täglich 542 Züge aus oder ein.

Nun ein Blick in das 23 m hohe „Vestibül" mit den Fahrkartenschaltern im Zustand um 1905. Obwohl das Gebäude selbst noch in vielen Punkten den Zustand des Originals verkörpert, haben die Notwendigkeiten des Bahnbetriebes und die Zerstörungen des Krieges dazu geführt, daß dieser Raum heute innerlich vollkommen anders aussieht.

Der Frankfurter Südbahnhof, in Sachsenhausen südlich des Mains gelegen, hat in den letzten Jahren dadurch von sich reden gemacht, daß die Bundesbahn das Bauwerk an die Stadt verkaufte, die es zum Bau einer Untergrundbahn abgetragen hat und nun als Bürgerhaus wieder erstehen läßt. Die Eisenbahn wollte den Bau abreißen, weil er für die künftigen Aufgaben der Station im S-Bahn-Netz viel zu groß ist, und so dem Diesterwegplatz (Ansichtskarte etwa 1925) städtebaulich einen Schwerpunkt nehmen.

Der Bahnhof Wolfskehlen Ost lag an der heute nicht mehr vorhandenen Bahnstrecke zwischen Darmstadt und Goddelau-Erfelden, die 1869 als Teil der bis Gernsheim, Rosengarten und Worms eröffneten Strecke in Betrieb ging. An der Strecke von Groß-Gerau nach Goddelau entstand bald darauf der andere Bahnhof Wolfskehlen-Leeheim, und zwar 1879. Der kleine Ostbahnhof, den diese Grußkarte aus dem Jahre 1902 außer der Kirche und der Schule noch zeigt, ist charakteristisch für die Bauweise der Hessischen Ludwigsbahn, die nach ersten Schuppen kleine massive Sandsteinhäuser in klassizistisch beeinflußter Form erstellte.

Worms, eine der ältesten und im Mittelalter bedeutendsten Städte Deutschlands, erhielt den ersten Bahnanschluß durch die Hessische Ludwigsbahn aus Richtung Mainz und Oppenheim im Sommer 1853. Der erste Bahnhof hatte den typischen Uhrenturm im Stil der „Towered Italian Villa". Die Strecke wurde nach Ludwigshafen verlängert, und weitere Gleise aus Groß-Gerau, Lampertheim, Gundheim, Monsheim und Offstein kamen im Lauf der Jahre hinzu. Der alte Bahnhof genügte für einen Ort, dem auch die Interessen des Kaisers galten, bald nicht mehr, und so baute man dort um die Jahrhundertwende diesen den Sehenswürdigkeiten der Stadt angepaßten Bahnhof von Hofmann, Rüdell und Klingholz im neuromanischen Stil, der fast wie ein Kloster wirkt. Karte aus dem Jahre 1905.

Die „Bahnhöfe“ in Darmstadt, wie es auf dieser Postkarte von 1903 – 1905 heißt, verschwanden ab 1910. Links sehen wir den Durchgangsbahnhof der staatlichen Main-Neckar-Bahn von Frankfurt nach Friedrichsfeld, Mannheim und Heidelberg, die 1846 eröffnet worden ist. Architekt war Friedrich Lichthammer; 1877 aufgestockt. Hinten das Kopfgebäude der privaten Hessischen Ludwigsbahn, deren Strecken von Mainz, Worms, Babenhausen und aus dem Odenwald hier endeten; diese Bahnlinien wurden ab 1858 in Betrieb genommen. Beide Bauten etwas klassizistisch.

Der neue Darmstädter Hauptbahnhof, 1912 nach Plänen von Friedrich Pützer ausgeführt und in dieser Karte kurze Zeit nach seiner Eröffnung wiedergegeben, wurde in der Einleitung bereits in einer farbigen Ansichtskarte vorgestellt. Diese Ansicht von Südosten läßt erkennen, wie die Giebel die Gestaltung der Fassade an der Schalterhalle wiederholen. Zu den Materialien: das Erdgeschoß war in Muschelkalk aus der Gegend von Würzburg, der obere Teil in Tuff aus der Eifel gehalten. Hinzu kam das rote Ziegeldach. Im Jahre 1926 wurden an diesem Verkehrskreuz zwischen Frankfurt (Main), Heidelberg, Mainz und dem Odenwald täglich etwa 380 Züge abgefertigt. Pferdedroschke und Straßenbahn warten auf Fahrgäste. Wiederaufbau nach dem Krieg.

Außer den drei westlichen Bahnhöfen in Frankfurt, die durch den neuen Hauptbahnhof von 1888 ersetzt worden sind, gab es in der Reichsstadt am Main seit September 1848 auch noch die Endstation der Frankfurt-Hanauer Bahn, welche die Gleise aus Aschaffenburg und — ab 1868 — aus Bebra in sich aufnahm. Wer damals südwärts und westwärts weiterfahren wollte, mußte über die Verbindungsbahn am Mainufer (in Lage der heutigen Hafenbahn) zum Main-Neckar-Bahnhof weiterfahren, bis 1875 für die Bebraer Bahn die Linie südlich des Mains über Offenbach gebaut war. Der alte Ostbahnhof für Züge aus Aschaffenburg blieb aber noch bis ins „Ansichtskartenzeitalter" (diese stammt von 1906) erhalten. Ein sehr einfacher Pavillonbau im ländlichen Stil.

Als nach 1910 die Erweiterung des Hauptbahnhofes in Angriff genommen wurde, wollte man auch die Bahn aus Franken dort einführen. Man baute daher einen neuen Ostbahnhof als Durchgangsstation und führte die Züge über die neue Deutschherrnbrücke nach Sachsenhausen, um sie über den Südbahnhof in den Hauptbahnhof zu leiten. Für eine Million Goldmark wurde dieser neobarocke Prachtbau aus rötlichem Mainsandstein errichtet; Fertigstellung 1913. Zwei neue Hallen (Breite je 18 m, Länge 150 m) überdeckten die hochliegenden vier Bahnsteiggleise. Das Gebäude wurde im Krieg stark beschädigt und 1957 abgerissen. Seit 1961 steht hier ein quaderförmig puritanischer Neubau, Ausdruck des „wirtschaftlichen Bauens" der Bundesbahn. Die Ansichtskarte, ein Kupfertiefdruck in bräunlichem Ton, gibt den Zustand von 1930 wieder.

Der Bahnhofsbau in Offenbach wurde von der Frankfurt-Bebraer Eisenbahn durchgeführt, die hier die Arbeit der Bebra-Hanauer Bahn fortsetzte. Sie hatte 1866 – 1868 von Norden bis Hanau gebaut, war zwischenzeitlich in das Eigentum Preußens gelangt, und sie benutzte zunächst den alten Ostbahnhof in Frankfurt mit. Ende 1873 war aber ihre Strecke von Hanau über Offenbach nach Frankfurt auf der südlichen Mainseite fertiggestellt, die 1875 in den Main-Neckar-Bahnhof eingeführt werden konnte. Damals entstand in Offenbach also dieses spätromantische Stationsgebäude der Bebraer Bahn. Die Bezeichnung „Süd" kennzeichnet die Lage zum Stadtkern und zum 1848 eröffneten Bahnhof der Lokalbahn Frankfurt – Offenbach, die ebenfalls zur Main-Neckar-Bahn gehörte. Die Ansichtskarte zeigt den Zustand von 1906.

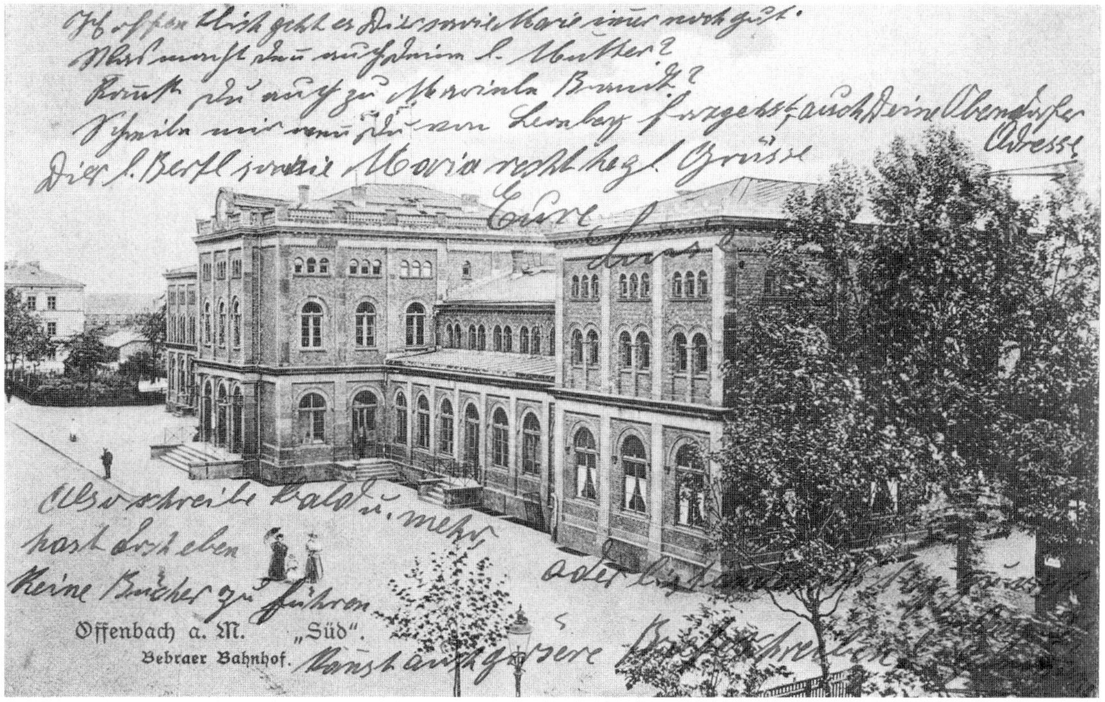

Noch einmal der Offenbacher Hauptbahnhof, wie er jetzt heißt, und zwar in einer Bildpostkarte aus den dreißiger Jahren. Es ist im Kern noch immer der alte Bebraer Bahnhof, doch durch die Hochlegung der Gleise, seitliche Erweiterungsbauten und eine vollkommene Überarbeitung der Fassaden im prämodernen Stil kaum noch zu erkennen. Der Großteil dieser Maßnahmen ist nach 1920 durchgeführt worden; in dieser Form steht das Bauwerk noch heute da.

Offenbach a. M. - Hauptbahnhof

Kaum ein Bahnhof zu nennen ist die Station „Fahrthor" mitten in Frankfurt. Der Bau liegt an der Verbindungsbahn, die zwischen dem Ostbahnhof und dem Main-Neckar-Bahnhof im Westen bestand, und tatsächlich sind über diese Bahn, die ab 1859 dem Güterverkehr diente, zwischen 1868 und 1873 auch durchgehende Fernzüge in der Relation Bebra — Südwestdeutschland geführt worden, ehe die Bahn auf der südlichen Mainseite in Betrieb ging. Ab 1880 aber fuhr die Hessische Ludwigsbahn von diesem Kai ihre Züge über Höchst nach Limburg auf ihrer neuen Strecke, und solche Züge waren noch bis 1913 üblich. Dann übernahm die Stadt Frankfurt die Strecke für ihre Hafenbahn, und das kleine Gebäude aus den siebziger Jahren des vorigen Jahrhunderts verschwand bald darauf. Im Hintergrund der Karte von 1904 der Saalhof mit dem Rententurm, links geht man zum „Römer", dem alten Rathaus.

Der einfache Bahnhof Rödelheim bei Frankfurt ist 1860 von der Homburger Eisenbahn eröffnet worden, die damals ihre Strecke von Bokkenheim nach dem Taunusort Homburg vor der Höhe fertiggestellt hatte. 1874 zweigte von Rödelheim ferner die private Cronberger Eisenbahn ab, und auch eine Verbindung zur Taunusbahn nach Wiesbaden war bald notwendig. Als diese Ansichtskarte um das Jahr 1913 aufgenommen wurde, arbeitete die Eisenbahn in Rödelheim gerade an Maßnahmen zur selbständigen Einführung der Homburger Bahn in den Hauptbahnhof, um die bisher benutzte Main-Weser-Bahn ab Bockenheim zu entlasten. Daher der Bauzug am Bahnsteig.

Der erste Bahnhof von Höchst am Main ist mit der Taunusbahnstrecke nach Wiesbaden 1839 — 1840 erbaut worden. 1880 war auch die Strecke der Hessischen Ludwigsbahn von Limburg fertig, die in Höchst die Taunusbahn kreuzte und von dort über Griesheim auf eigenen Gleisen ebenfalls Frankfurt zustrebte. Der Bahnhof Höchst geriet dadurch in eine Insellage mit Linienbetrieb zwischen zwei getrennten Privatbahnen, wie er auf dieser Ansichtskarte aus dem Jahre 1908 gut zu erkennen ist: rechts der Teil der Taunusbahn mit Unterführung und Bahnsteigdächern. Hier wurde 1902 auch die Strecke der Königsteiner Kleinbahn an das Staatsbahnnetz angebunden. Kurz vor dem Ersten Weltkrieg baute man Höchst um und schuf einen seitlichen Kuppelbau ähnlich dem in Deutz.

Typisch für den „Kaiserstil" der späten Zeit nach der Jahrhundertwende ist auch das Empfangsgebäude von Bad Homburg, das seine Verwandtschaft mit Wiesbaden oder Krefeld nicht leugnen kann. Der erste Bahnhof dort war 1860 von der Homburger Eisenbahn in Betrieb genommen worden, die in den Main-Weser-Bahnhof von Frankfurt einfahren durfte. 1866 wurde Homburg preußisch, und ein Fürstenpavillon für Besucher des Landgrafen wurde erbaut. Da Kaiser Wilhelm II. in Homburg vor der Höhe seine Sommerresidenz nahm, stattete man den neuen Zentralbahnhof (Entwurf Baurat Armin Wegner) besonders reich aus und schuf einen separaten Fürstenbau, alles im Stil der deutschen Renaissance. 1907 — 1908 war diese Anlage fertig; drei Hallen von 150 m Länge und je 20 m Breite (Erbauer: MAN) überdeckten die Gleise. Der Bau ist noch vorhanden. Den Fürstenpavillon hat die Stadt übernommen und für kulturelle Zwecke restauriert.

Landläufiger hessischer Fachwerkbau tritt uns in Form des Bahnhofsgebäudes von Nastätten im Taunus gegenüber. Man erkennt die schmalen Gleise und Wagen der Nassauischen Kleinbahn, die im nordwestlichen Taunus zwischen Rhein, Aar und Lahn unterwegs war. Die Karte ist 1900 im Eröffnungsjahr der ersten Linie von Nastätten, dem Zentrum der Anlagen, nach St. Goarshausen erschienen.

Eppstein liegt an der Bahn von Limburg nach Frankfurt am Main, und zwar in dem am 15. Oktober 1877 eröffneten Abschnitt Camberg – Niedernhausen – Höchst der Hessischen Ludwigsbahn. Der Ort mit seiner Burgruine ist in Frankfurt und Wiesbaden als Ausflugsziel sehr beliebt, und Größe wie Gestalt des späteren Bahnhofsgebäudes haben diesem Umstand Rechnung getragen: ein verwinkelter Kurhausbau im ländlichen Fachwerkstil steht dort neben den Gleisen. Die Postkarte aus dem Jahre 1904 läßt das gut erkennen.

In Wiesbaden ist von drei alten Bahnhöfen zu berichten, die durch den neuen Hauptbahnhof von 1906 abgelöst worden sind: der Taunusbahnhof (1840), der Rheinbahnhof (1854) und der Ludwigsbahnhof (1879) sind in Ansichtskarten aber nicht mehr überliefert. Diese Karte ist 1908 gedruckt worden. Der Aachener Architekt Klingholz hat auch hier wieder den eklektizistischen Nationalstil der Gründerzeit benutzt.

An der 1850 eröffneten Main-Weser-Bahn zwischen Frankfurt und Gießen liegt der weltbekannte Kurort Bad Nauheim, der einen ganzen Teil seiner Blüte wohl der Eisenbahn zu verdanken hatte: In einem romantisch-freundlichen Kurhausstil mit südlichen Anklängen war daher auch das von einem kleinen Glockenturm bekrönte Empfangsgebäude gehalten. Wieviel Personal damals zu einem Bahnhof gehörte und sich auch aufstellte, wenn der Fotograf sein Werk begann, läßt diese Karte von 1904 deutlich erkennen.

Diese Aufnahme der Wiesbadener Schalterhalle ist zur Zeit der Eröffnung 1906 angefertigt worden. Die Dekoration läßt Einflüsse des Jugendstils erkennen. An den fünf Bahnsteigen des Hauptbahnhofes Wiesbaden mit den zehn Bahnsteiggleisen enden die Strecken von Diez und Limburg, während die zweigleisigen Hauptbahnen aus Frankfurt, Mainz und Köln nebeneinander gelegt wurden.

Auch Friedberg liegt an dem 1850 in Betrieb genommenen Abschnitt der Main-Weser-Bahn, die Frankfurt am Main und Kassel miteinander verbinden sollte. Ganz in der Nähe baute die Bahn ihre riesigen Viadukte, die „Friedberger Hallen" am Rosental. Der erste Bahnhof, in ähnlichem Stil wie der von Nauheim aufgeführt, wurde 1913 durch den hier abgebildeten neuen Bahnhof ersetzt, als die weiteren Strecken von Hanau und Hungen immer mehr Verkehr brachten.

Aus dem hessischen Gießen können wir wieder einmal zwei Bahnhofsansichten im Spiegel alter Postkarten betrachten: Der alte Bahnhof wurde von der Main-Weser-Bahn zwischen 1850 und 1852 im eigenartigen Stil dieser Bahn zwischen Klassizismus und Romantik erbaut. 1862 kam die Cöln-Mindener Bahn von Deutz und Betzdorf in Gießen an, und 1869 wurde die Oberhessische Eisenbahn mit zwei Strecken nach Grünberg und nach Hungen zum weiteren Benutzer des Bahnhofes Gießen. Man ersetzte deshalb die alte Anlage, die in dieser Ansichtskarte aus dem Jahre 1904 noch zu sehen ist, durch ein Gebäude im Stil der Zeit.

An den Stil der Bahnhöfe Metz und Hagen kann man bei Betrachtung des neuen Empfangsgebäudes von Gießen denken, wie es sich in der Lichtdruck-Bildkarte von 1907 zeigt. Die Fotografie ist während der Bau- und Übergangszeit angefertigt worden; rechts sieht man noch einen Giebel des alten Bauwerkes. Die Natursteine haben noch ihre helle, bruchfrische Färbung, und der Vorplatz ist noch nicht vom städtischen Leben in Anspruch genommen. Ein bemerkenswertes Beispiel für den Historismus im damaligen Bahnhofsbau.

Einen „Neuen Bahnhof" gibt es in den folgenden Ansichtskarten mehrfach zu sehen. Wetzlar wurde Anfang 1862 von der Siegstrecke der Cöln-Mindener Bahn von Betzdorf nach Gießen erreicht, und ein Jahr später traf hier die Nassauische Staatsbahn von Ems und Weilburg ein. Besondere Bedeutung erhielt der Bahnhof durch seine Bestimmung zum Endpunkt der „Wetzlarer Bahn", die unter Benutzung vorhandener Strecken als „Kanonenbahn" aus Berlin über Blankenheim und Leinefelde nach dem deutsch-französischen Krieg von 1870/71 in Richtung Elsaß-Lothringen gebaut worden ist. Der Abschnitt von Lollar nach Wetzlar ist deshalb 1878 gebaut worden. Dieser prämoderne Neubau des Empfangsgebäudes stammt von 1911.

Einer der seltenen Fälle, in denen der Fotograf während der Bauarbeiten einmal die Gleisseite des neuen Bahnhofes im Bilde verewigt hat, liegt mit dieser Ansichtskarte von 1908 vor uns: Herborn im Dillkreis, Abzweigstation der Bahnen nach Westerburg und Niederwalgern auf der Strecke zwischen Deutz und Gießen, erhielt damals auch Bahnunterführungen, so daß die Verwaltung die Aufstellung von Gittern an den Bahnsteigen für notwendig erachtete. Das Gebäude ist mit Schiefer aus dem Westerwald gedeckt; sein Stil befindet sich im Einklang mit den übrigen gründerzeitlichen Bauten, die im Hintergrund zu sehen sind. Für den Eisenbahnfreund sind auch die offenen Güterwagen mit Schotter eine Augenweide.

Der neue Bahnhof von Haiger im Dillkreis, der den ersten Bau aus dem Jahre 1861 zu ersetzen hatte, ist kurz vor dem Ersten Weltkrieg zur Ausführung gebracht worden. Es überrascht immer wieder zu sehen, welche Formenvielfalt man damals zustandebrachte, nachdem man sich einmal von der Monotonie der preußischen Landbahnhöfe aus den achtziger Jahren des vorigen Jahrhunderts abgewandt hatte. Hier kann man bei den Verzierungen des Portals von Jugendstil sprechen.

Neukirchen im Kreis Ziegenhain ist an der Bahnstrecke von Treysa über Niederaula nach Bad Hersfeld gelegen, die am 1. August 1907 eröffnet worden ist. Die Ansichtskarte stammt aus jenem Jahr. Sie zeigt unter der „Totalen" und neben der Gastwirtschaft, die das Fachwerk des Heimatstils erkennen läßt, einen kleinen Bahnhof mit den breiten Rundbogenfenstern, dem Mansardendach und dem Fachwerk-Oberstock, wie sie eben damals üblich gewesen sind.

Diese Ansichtskarte vom Hauptbahnhof in Kassel, Architekt war G. Engelhard, der in der Einleitung bereits farbig vorgestellt wurde, ist in den späten dreißiger Jahren vervielfältigt worden. Im Vergleich der Abbildungen erkennt man die Umgestaltung des Bahnhofsvorplatzes und neue Verkehrsmittel, durch die eine Trennung von Fußweg und Straße notwendig geworden ist. Die Karte ist im Januar 1944 nach Frankfurt verschickt worden, und der Text lautet: „Hoffentlich seid Ihr bei d. letzten Angriff gut weggekommen." Auch der Hauptbahnhof Kassel ist im Krieg abgebrannt.

Kassel · Hauptbahnhof

Erst am 15. Dezember 1915 ist die 25 km lange Bahnstrecke von Velmeden über Großalmerode nach Eichenberg in Betrieb genommen worden, an der diese Bahnhofsanlage mit Empfangsgebäude, Güterschuppen, Wasserturm, Heizhaus und Drehscheibe zur Ausführung gelangte. Es handelte sich um eine der späten Erschließungsbahnen, die von der Staatsbahn zuletzt angelegt und zuerst wieder eingestellt worden sind. Die Ansichtskarte ist erst nach dem Krieg 1919 erschienen. Der Bahnhof Großalmerode West lag dagegen an einer Stichbahn, die gleichzeitig von Velmeden her angelegt worden ist.

Großalmerode (Hessen-Cassel) Bahnhof – Ost

Bebra - Bahnhof.

Mit dem Bahnhof Bebra ist die letzte Station auf dem Weg zu Hessens Bahnhöfen erreicht. Ansichtskarten von dort sind nicht selten, weil in Bebra durch die Verknüpfung der Strecken aus den Richtungen Kassel, Göttingen, Frankfurt (Main) und Eisenach häufig Aufenthalt zum Lokomotivwechsel, zum Umsteigen oder zur Einnahme einer Mahlzeit eingelegt werden mußte. Entsprechend ausgedehnt sind, wie dieses Bild aus dem Jahre 1905 erkennen läßt, in Bebra die Gleisanlagen, die das Inselgebäude umschließen. Bebra wurde 1848 aus Richtung Kassel angefahren (1849 nach Gerstungen verlängert), 1866 konnte man südwärts bis Fulda, 1876 nordwärts nach Hannover gelangen. Auch in Bebra lag der Bahnhof zunächst außerhalb des Ortes, der dann mit einer Bahnhofssiedlung heranbaute.

Der Unterwegsaufenthalt zur Einnahme einer Mahlzeit war selbst 1912, als diese Ansichtskarte vom weißgedeckten Tisch auf Bahnhof Bebra erschien, trotz mancher Speisewagen an der Tagesordnung. Im Kursbuch waren sogar Stationen verzeichnet, an denen der Wirt der Bahnhofsrestauration vorbereitete Körbe mit Speisen in den Waggon reichte. In Bebra war es besonders die Relation Berlin — Frankfurt am Main, in welcher der Umspannhalt als hinderlich empfunden wurde; 1912 baute man daher zur Umgehung des Ortes die „Frankfurter Kurve". Heute sehen die Speisesäle in den Bahnhöfen anders aus.

Achtes Kapitel:

Franken und die Oberpfalz

Aschaffenburg — Würzburg — Fürth — Erlangen
Nürnberg — Weiden — Hof

Die Ansichtskarten in diesem Kapitel illustrieren den Bahnhofsbau im Frankenland um Würzburg und Nürnberg sowie in der Oberpfalz um Weiden, also ganz grob die „nördliche Hälfte" des einstigen Königreiches und heutigen Freistaates Bayern. Diese Abgrenzung gegenüber dem nächsten Abschnitt, der die Bahnhöfe südlich der Linie Ansbach — Regensburg bis zu den Alpen zeigen soll, folgt also nicht der Trennung zwischen der Staatsbahn und der bis 1875 selbständigen Bayerischen Ostbahn. Die Grenzen zwischen diesen beiden Bahnen sind schon lange verwischt, und wenn auch einzelne Stationen baugeschichtlich hier noch ihre Herkunft von der Ostbahn klar erkennen lassen, so wurde doch der Beschreibung in einem gewissen regionalen Zusammenhang der Vorzug gegeben.
Bayern hat von Anfang an Staatsbahnen gebaut, so daß deren Architektur oftmals die einheitliche Handschrift eines Baumeisters oder des zentralen Baubüros verrät.
Die frühen Rundbogenbauten im „Maximilianstil" lassen das ebensogut erkennen wie die späteren kleinen Zwischenstationen in ihrer geradlinigen Sandsteinbauweise.
Auch auf den mit Beteiligung der interessierten Ortschaften gebauten Vizinal- und Lokalbahnen sind solche Typenbauten nach vereinheitlichten Zeichnungen häufig zu beobachten gewesen.

Hessen liegt hinter uns, und die Reise führt durch den Spessart nach Franken und der Oberpfalz. Obwohl nun Aschaffenburg erste Station ist, sei dem Kapitel eine Ansichtskarte aus Hof vorangestellt, da sie unser Reiseziel angibt. Diese dreifach gegliederte Bildpostkarte zeigt unter einer Totalen den bekannten Saale-Viadukt von 1848 bei Unterkotzau mit seinen gotischen Wölbungen. Hof wurde bereits 1848 mit Strecken aus Plauen einerseits und Nürnberg – Lichtenfels – Kulmbach andererseits erreicht. Das geräumige neue Bahnhofsgebäude ist 1875 – 1880 von Seidel in fränkischem Sandstein südlich der Stadt ausgeführt worden und liegt seitlich neben den Gleisen; es besteht noch heute.

Im Jahre 1854 wurden bei Aschaffenburg die Gleise der Frankfurt-Hanauer Bahn und der bayerischen Ludwigs-Westbahn miteinander verbunden, und 1858 traf auch der erste Zug der Hessischen Ludwigsbahn aus Darmstadt über Babenhausen dort ein. Die Nebenbahn nach Miltenberg kam 1876 dazu. Das alte Bahnhofsgebäude von Aschaffenburg, hier in einer um 1910 gedruckten Ansichtskarte, verkörpert den typischen Stil der damaligen Zeit, den „Königliche Kommissionsarchitekten" damals überall zu Ausführung brachten. Entwurf Gottfried von Neureuther; spätere Anbauten. Das Postamt wiederum ist charakteristisch für den Nationalstil der Jahrhundertwende, und auch das nach dem Kriege in Aschaffenburg erbaute Bahngebäude belegt recht klar den Baustil der fünfziger Jahre.

Auch der Luftkurort Heigenbrücken am südöstlichen Ende des Schwarzkopftunnels mit seiner Steigung von Laufach herauf liegt an der im Oktober 1854 eröffneten Ludwigs-Westbahn von Würzburg nach Aschaffenburg. Das kleine Bahnhofsgebäude mit den langen Wartegleisen ist auf dieser fünffach geteilten Ansichtskarte leider sehr in den Hintergrund gerückt worden. Poststempel vom 23. Juli 1915.

Mit der Einordnung dieser Ansichtskarte von Kirchheim in Unterfranken hat es seine Schwierigkeiten: der Ort liegt auf bayerischem Boden, doch die Eisenbahn von Lauda bis zur Grenze bei Kirchheim ist von Baden, der weitere Abschnitt über Heidingsfeld nach Würzburg ist von Bayern gebaut und zum Betrieb an die Badische Staatsbahn verpachtet worden. Durchgehend eröffnet im November 1866. Die kleine Zwischenstation ist dem Stil der Region recht gut angepaßt. Die Ansichtskarte ist zu Ostern 1915 geschrieben.

Der erste Würzburger Bahnhof, 1854 von Neureuther, wurde mit dem Bau der Bahnen aus Steinach (1864), Nürnberg (1865) und Lauda zu klein und durch diesen Durchgangsbahnhof (1863 – 1869) von Bürklein und Trient ersetzt. An seine Stelle trat nach Kriegsbeschädigungen 1953 – 1961 ein moderner Bau. Über das hier in einer Ansicht von 1910 wiedergegebene Bauwerk mit dem Kiliansbrunnen schreibt Kubinszky: „Er hat etwas vom Münchner Maximilianstil an sich; seine Gliederung mit dem langgestreckten Mittelteil aus Bogenöffnungen und mit den beiden Eckrisaliten spiegelt die nach Süden orientierte bayerische Kunstauffassung. Auch sein Grundriß ist ungewöhnlich, die in der Mitte geöffnete Vorhalle verbindet flurartig die verschiedenen Räumlichkeiten des Gebäudes, die anderswo als betonter Mittelpunkt ausgebildete Schalterhalle fehlt ganz."

Nach dem schönen, großen und bekannten Würzburger Hauptbahnhof nun die einfache, kleine und wenig aufregende Station von Essleben in Unterfranken. Die schon etwas abgegriffene, schlecht gedruckte Karte ist erst 1919 von der Post befördert worden, vermutlich aber wenigstens ein Jahrzehnt älter. Sie verkörpert den Typ der mit mehreren Motiven (Kirche, Kolonialwarenladen, Schule, Bahnhof) belegten Ansichtskarte in klassischer Weise. Der Bahnhof Essleben liegt zwischen Würzburg und Schweinfurt.

Die Strecke Würzburg – Schweinfurt der Ludwigs-Westbahn ist bereits am 1. Juli 1854 in Betrieb genommen worden, und aus dieser Zeit stammt auch das unscheinbare Bahnhofsgebäude Essleben in lokaler Sandsteinbauweise. Diese Karte ist ab 1936 verkauft worden. Am Bahnhof hat sich nicht viel verändert, aber unter die Bildmotive ist das Kriegerdenkmal für 1914 – 1918 gerückt. Mit der Elektrifizierung, die hier 1971 erfolgte, hat sich der Blick über die Bahnhofsanlagen vollständig gewandelt.

Fürth i. Bay. Hauptbahnhof

Zwischen Nürnberg und Fürth verkehrte 1835 die erste deutsche Eisenbahn, doch diese Strecke der privaten Ludwigs-Eisenbahn mit ihren Bahnhöfen hatte bald nur noch lokale Bedeutung. Für die Fernverbindungen in Richtung München, Leipzig oder Würzburg baute die staatliche Ludwigs-Süd-Nord-Bahn nach 1844 eigene Stationsgebäude und Anlagen in Nürnberg und Fürth. So erhielt beispielsweise Fürth einen spätromantischen Bau in kräftig gefärbtem Buntsandstein, wohl von Rüber. In dieser Kupfertiefdruckkarte von 1930 ist seine Straßenseite mit einem um 1900 angefügten Vorbau zu sehen. Der Centaur als Brunnenmotiv soll an den Mythos vom Dampf und die erste Eisenbahn erinnern.

Erlangen Bahnhof

Die Bahn von Nürnberg über Fürth und Erlangen nach Bamberg war die erste, welche die Ludwigs-Süd-Nord-Bahn am 1. Oktober 1844 eröffnen konnte. Der alte Bahnhof genügte auch hier bald nicht mehr, und abermals erschien ein Bauwerk im Maximilianstil der frühen Eklektik an den fränkischen Gleisen. Der Vergleich mit Würzburg ist reizvoll; italienisch wirkt der aufgesetzte Campanile. Die Postkarte ist gegen Ende der zwanziger Jahre angeboten worden.

Diese Ansicht des Bahnhofes Erlangen von der Gleisseite ist in mehreren Beziehungen sehr aufschlußreich: Zunächst erkennt man, daß der erste Bahnhof von 1844 damals, um 1910, durchaus noch vorhanden war. Der Neubau ist unmittelbar daneben aufgeführt worden, und respektlos hat man dieses alte klassizistische Bauwerk mit Bahnsteigdach und Schuppenmauern angegangen. Vor dem Altbau beginnen die Gleise der 1886 eröffneten Lokalbahn von Erlangen nach Eschenau in Mittelfranken; ab 1894 endeten hier auch die Lokalbahnzüge von Herzogenaurach über Bruck nach Erlangen.

Der Entwurf zum Nürnberger Hauptbahnhof, von dem eine kolorierte Karte bereits in der Einleitung gezeigt wurde, ist von dem staatlichen Direktionsrat Karl Ritter von Zenger aufgestellt worden. Die Fassade selbst ist ein später historistischer Bau, bei dem man sich bereits wieder wagte, auf einen Uhrturm zu verzichten. Das Denkmal gilt dem Prinzregenten Luitpold. Betriebseröffnung war 1906. Bemerkenswert an der Nürnberger Anlage ist übrigens auch, daß keine große Bahnsteighalle mehr gebaut wurde: Die 11 Bahnsteige und 3 Gepäcksteige sind durch 2 zweistielige offene Hallen und vier einstielige Bahnsteigdächer aus Eisenbeton (Dyckerhoff & Widmann) geschützt.

Die kalte Pracht der Gründerzeit leuchtet aus dieser Ansicht des Wartesaales 1. und 2. Klasse im neuen Hauptbahnhof von Nürnberg hervor. Das Gewölbe läßt an einen altdeutschen Ratskeller denken und entspricht dem Baustil der späten Eklektik, während manche Elemente der Dekoration (Wandgemälde, elektrische Lüster) von kunstgewerblichem Jugendstil bestimmt sind. An diesem Nachhinken der Bahnhofsarchitektur hinter dem Zeitgeschmack wird der Bau durch eine Verwaltung fühlbar. Das Mobiliar ist eher unauffällig. Diese Ansichtskarte ist erst 1921 abgestempelt, wohl aber vor 1910 entstanden.

Östlich von Nürnberg an der 1859 eröffneten Bayerischen Ostbahn über Amberg, Schwandorf und Regensburg nach Landshut liegt die Station Neukirchen bei Sulzbach-Rosenberg, wie sie zur Unterscheidung von den anderen Bahnhöfen mit dem Namen Neukirchen heißt. Das massive Empfangsgebäude stammt aus den Anfangsjahren der Ostbahn, freilich sind die Unterführungen und die etwas erhöhten Bahnsteige erst nach der Jahrhundertwende hinzugekommen. 1875 wurde von Neukirchen auch eine Verbindung über Vilseck nach Weiden als vorletzte der Ostbahn gebaut, dann ist sie in der Bayerischen Staatsbahn aufgegangen. Die Karte zeigt den Zustand von 1920.

Das ist der kleine Bahnhof von Sulzbach-Rosenberg, früher Sulzbach in der Oberpfalz geheißen; dahinter das stattliche Schloß aus dem 16. Jahrhundert. Er liegt zwischen Neukirchen und Amberg an der 1859 eröffneten Ostbahnstrecke Nürnberg — Schwandorf — Regensburg, die seinerzeit die schwierigen Juraberge nordwärts umging. Seine symmetrische Anlage mit den seitlichen Anbauten, dem Zeltdach und dem aufgesetzten italienischen Türmchen ist, wie ein Blick nach Furth im Wald beweist, der typische Stil dieser Gesellschaft gewesen. Karte 1899 gestempelt.

Der Bahnhof Rupprechtstegen wurde 1877 erbaut. Damals ist die Strecke rechts der Pegnitz von Nürnberg über Hersbruck, Ranna und Schnabelwaid nach Bayreuth ausgeführt worden, an der diese Station in der Fränkischen Schweiz bei Ranna liegt. Wieder ein typischer kleiner Staatsbahnbau, ausgeführt als schlichter Sandsteinblock mit flach geneigtem Walmdach. Die Postkarte mit dem schwungvollen Bildausschnitt entspricht dem Stil der Jahrhundertwende.

Weiden in der Oberpfalz ist von der Bayerischen Ostbahn im Jahre 1863 mit der Linie von Schwandorf nach Bayreuth an das deutsche Eisenbahnnetz angeschlossen worden, 1864 – 1865 baute man bis an die böhmische Grenze gegen Eger weiter. Damals entstand auch das erste Bahnhofsgebäude im strengen Ostbahnstil. Bald ersetzte es dieser Neubau mit den beiden Eckbauten, der uns heute – auch für diesen gewerbereichen Ort, der 1935 etwa 22000 Einwohner hatte – als ausgesprochen groß erscheint. Die dunkle Ansichtskarte ist im Sommer 1919 aus Weiden abgesandt worden, Porto damals 15 Pfennig.

In Kirchenlaibach kreuzen sich die 1863 eröffnete Ostbahnlinie Weiden – Bayreuth und die 1878 von der Staatsbahn fertiggestellte Strecke Schnabelwaid – Marktredwitz. Als diese Karte im Jahre 1910 geschrieben wurde, besaß der Bahnhof bereits sieben Bahnsteiggleise und vier Aufstellgleise für Güterzüge. Die Abbildung zeigt auch die Bahnsteigunterführungen auf einer Station, über deren Gleise viele Manöverzüge nach Grafenwöhr rollten. Am Fenster der Vorsteherwohnung und über der Wirtschaft sieht man dem Fotografen bei der Arbeit zu.

Neuntes Kapitel:

Stationen in Bayern

Ansbach — Donauwörth — Ingolstadt — Regensburg
Passau — Bad Aibling — Pfronten — München

Im südlichen Teil des bayerischen Eisenbahnnetzes lassen sich, wie schon im vorstehenden Kapitel, wiederum die beiden etwas voneinander abweichenden Baustile bei der Staatsbahn und bei der Ostbahn feststellen. Viele Bahnhöfe der Ostbahn standen auch ein Vierteljahrhundert nach der Verstaatlichung, als die Ära der Ansichtskarte um 1900 so richtig einsetzte, noch mit nur bescheidenen Änderungen im Gebrauch; auffällig immer der kleine Glockenturm. Die Staatsbahnbauten der zweiten Generation, zumeist nach 1870 errichtet, kennzeichnen sich dagegen durch ihre ganz typische Gliederung in den beherrschenden Mittelbau, niedrige Seitenflügel und je einen massiven Pavillonbau an den beiden Enden. In den meisten Fällen sind sie als Durchgangsbahnhöfe angelegt, abweichend davon freilich der überragende Kopfbahnhof in München mit seiner sehr breiten Straßenfront. Besonders reizvoll ist die Architektur der Ausflugsbahnen am Alpenrand aus den Jahren nach 1900, die deutliche Einflüsse des Heimatstils spüren lassen.

Die Ziele des kommenden Kapitels verheißen diese Postkarten von München und Griesen in Oberbayern. Die fotografische Karte aus den dreißiger Jahren zeigt noch einmal das Gebäude, das in der Einleitung bereits farbig dokumentiert worden ist. In der Mitte (zurückgesetzt) die erste, hölzerne Halle von Bürklein, die ab 1884 nur noch Schalterhalle war. Rechts im Vordergrund der Bau der ehemaligen Ostbahn, nach deren Verstaatlichung 1875 einmal der Umbau des Bahnhofes in München begonnen hatte.

Vom Starnberger Flügelbahnhof, rechts neben dem Hauptbahnhof in München gelegen, fährt man seit 1913 zu der Karwendelbahn nach Garmisch-Partenkirchen und Innsbruck, und auch die in Garmisch nach Reutte in Tirol abzweigende Außerfernbahn wurde damals — von Anbeginn an elektrisch betrieben — eröffnet. Bahnhof Griesen, 1913 in Anlehnung an die alpine Baukunst errichtet, ist die letzte bayerische Station vor der Grenze nach Österreich. Hier konnte man hellen Putz vorsehen, da Verschmutzung durch Dampfloks nicht zu befürchten war.

Auf dem Bahnhof der mittelfränkischen Hauptstadt Ansbach kreuzen sich die Strecke von Gunzenhausen nach Steinach (1859/1864) und die Bahn von Nürnberg nach Crailsheim (1875). Das um 1870 gebaute Empfangsgebäude im üblichen Stil der größeren bayerischen Bahnhöfe mit Rundbogen zwischen den Eckbauten hat nach dem Vorplatz hin eine leichte Hufeisenform, ist also eine Variante des in Erlangen und Würzburg beobachteten Modells. Diese schon arg geknickte Bildpostkarte ist 1915 gelaufen; sie zeigt im Vordergrund zwei nachträglich einmontierte Straßenfahrzeuge.

1904 ist diese Ansicht der Gleisseite des Ansbacher Bahnhofes aufgenommen und verlegt worden. Die Architektur des Postgebäudes läßt erkennen, wie man dreißig Jahre nach der Entstehung des Bahnhofes baute. Die beiden Linien kreuzen auf Bahnhof Ansbach übrigens im Richtungsbetrieb; links geht es nach Crailsheim und Würzburg, rechts nach Nürnberg und Treuchtlingen. Im Vordergrund rege Ladetätigkeit an den Gütergleisen. Mit Erstaunen kann man sehen, wie ungeniert damals die Fernmeldeleitungen über die Dächer geführt worden sind, ohne auf das Bild des Gebäudes groß Rücksicht zu nehmen. Heute von einem Neubau der fünfziger Jahre abgelöst.

Der Bahnhof von Steinach bei Rothenburg ob der Tauber ist im Verlauf der Bahn von Würzburg nach Ansbach am 1. Juli 1864 eröffnet worden. 1873 wurde von hier die Vizinalbahn nach Rothenburg eröffnet, 1898 die Strecke nach Windsheim in Richtung Neustadt a. Aisch. Bei den Vizinalbahnen stellten die Interessenten das Gelände und führten die Erdarbeiten aus, während die Staatsbahn die Gebäude, den Oberbau sowie die Fahrzeuge zahlte und den Betrieb übernahm. Diese Ansichtskarte mit dem reichen Blumenschmuck ist im April 1899 abgestempelt worden. Vor dem recht kleinen Bahnhof stehen die typischen bayerischen Lokalbahnwagen.

Donauwörth erhielt 1844 im Zuge der Ludwigs-Süd-Nord-Bahn seinen ersten provisorischen Bahnhof in Nordheim, und die Züge fuhren bis Augsburg-Oberhausen. 1846 Anschluß an den Abschnitt München – Augsburg, 1847 der erste richtige Bahnhof, 1849 streckenweise Vollendung der Bahn über Nördlingen, Gunzenhausen und Pleinfeld nach Nürnberg. 1877 kam die Linie in Richtung Ulm dazu, während die Verbindung nach Treuchtlingen bis 1906 auf sich warten ließ. Diese Ansichtskarte ist um das Jahr 1914 entstanden. Das dreigliedrige Gebäude hat erhebliche Ausmaße, es wurde 1877 eröffnet und 1945 zerstört. Neubau von 1953.

Recht spät, nämlich erst 1867, hat Ingolstadt einen Bahnanschluß erhalten. Damals wurde die Strecke von München (Zentralbahnhof) herangeführt, die sodann 1870 bis Treuchtlingen verlängert worden ist. Zunächst gab es nur eine Bretterbude als Bahnhof, dann einen Localbahnhof nördlich der Donau, bis zwischen 1873 und 1877 dieser „Centralbahnhof" nach Plänen von Graff gebaut wurde. Der Betrieb wurde schon 1874 mit dem Bau der Linie nach Regensburg eröffnet; 1875 kam die Paartalbahn nach Augsburg hinzu. Obwohl diese Ansichtskarte erst 1916 verschickt worden ist, läßt die Lage der Tramway-Gleise am Vorplatz auf eine Fotografie von 1878 schließen. Eine derart lange Nutzungszeit für Bildvorlagen war keineswegs selten. Links muß man sich einen weiteren Kopfbau wie an der rechten Seite vorstellen. Nach dem Kriege Ersatz durch Neubau.

Von Ingolstadt Nord ging auch eine Lokalbahn in das Altmühltal ab, die 1903 bis nach Dolling und 1904 bis Riedenburg fertiggestellt war; Gesamtlänge 38 km. In dieser 1923 abgestempelten Ansichtskarte ist links der kleine Bahnhof Riedenburg zu erkennen, der 1972 wieder stillgelegt worden ist.

Den ersten Bahnhof in Regensburg baute die Bayerische Ostbahn anno 1859 im Verlauf der Strecke Nürnberg – Amberg – Schwandorf – Regensburg – Landshut. 1860 ging die Bahn nach Straubing und Passau in Betrieb, und erst 1873 war die direkte Strecke von Nürnberg über Neumarkt nach Regensburg fertig. Der frühe Bau von H. Hügel wurde nach dem Ende der Ostbahn 1876 durch den in dieser Ansichtskarte von 1904 dargestellten Hauptbahnhof ersetzt, der wieder den verbreiteten dreigliedrigen Staatsbahntypus verkörpert. Entwurf von Direktionsrat Zenger. Bemerkenswert die langen Bahnsteigdächer, die dem Bau etwas von seiner Wirkung nehmen. Das Gebäude steht, hübsch restauriert, noch heute in dieser Form.

1861 eröffnete die Ostbahn ihre Strecke von Schwandorf über Cham nach Furth im Wald und der Grenze in Richtung auf Pilsen. Zugleich wurde dieser Bahnhofsbau mit den ausgedehnten Gütergleisen errichtet, dazu ein dreiständiger Lokschuppen mit Drehscheibe. Das Empfangsgebäude selbst liegt etwas verdeckt im Hintergrund und hat zwei niedrige Seitenflügel; der Mittelbau trägt ein Uhrtürmchen wie ein italienischer Palazzo. Die Postkarte ist etwa 1904 verkauft worden.

Die bayerische Ostbahnstrecke von Straubing nach Passau, der die nächsten beiden Karten gelten, wurde am 20. September 1860 fertiggestellt. Diese dunkle Karte vom Bahnhof Plattling, der an der genannten Bahn liegt, ist vier Jahrzehnte später angefertigt und 1906 abgeschickt worden. Es ist eine für die Bahnhofswirtschaften der Zeit typische Karte, die dem Empfangsgebäude in der Außenansicht und dem Interieur der Restauration gleiche Bedeutung beimißt. Schön auch der Bildschmuck mit Blumen und zwischen den Bildern fauchender Lokomotive. Nach dem Krieg durch einen Neubau ersetzt.

Passau war ab 1861 Übergangsbahnhof der Ostbahn in Richtung Österreich, worauf die Bauwerke Rücksicht zu nehmen hatten. Es entstand daher ein großes Empfangsgebäude im Ostbahnstil Heinrich Hügels mit dem kleinen „Glokkenturm", der hier allerdings die Uhren beherbergt. Von den einzelnen Personen, die dem Fotografen der Ansichtskarte aus dem Jahre 1899 in den Apparat blicken, könnte sicher jeder eine Geschichte dazu erzählen, welche Veränderungen die Eisenbahnen in der Umgebung von Passau (1888 nach Pocking, 1904 nach Hauzenberg und Kalteneck) auch im Leben der Bevölkerung bewirkt haben. Heute hat Passau einen der wenigen Bahnhöfe mit Überbauung der Gleisanlagen, ausgeführt 1970.

Die Eisenbahnstrecke von Neumarkt-St. Veit (damals noch Neumarkt an der Rott genannt) nach Pocking ist 1879 erbaut worden, die dann 1888 bis Passau verlängert wurde. Der Bahnhof von Pfarrkirchen ist als schlichter Staatsbahnbau wie viele Dutzend anderer auch ausgeführt worden; er hat ein betontes Hauptgebäude mit flachem Walmdach und seitlich niedrige Anbauten. Betrachtenswert an dieser Bildkarte aus der Zeit um 1910 sind auch die abgestellten Züge sowie die vielen Details: der Lokschuppen im Hintergrund, das Bahnhofshotel, die Telegrafenmasten und selbst die Umzäunung des Bahngeländes. Wir nehmen als sicher an, daß diese Karte seinerzeit im Kaufhaus Schmidt für 10 Pfennig zu haben war.

Die Eisenbahn von München über Haidhausen, Markt Schwaben, Mühldorf und Simbach am Inn nach Braunau, die 1871 von der Staatsbahn eröffnet worden war, ist einmal eine große internationale Verbindung gewesen, über die sogar der „Orient-Express" lief. Die Bedeutung Salzburgs zwang aber dann dazu, den Fernverkehr nach Osten eher südwärts über Freilassing zu fahren. So besitzt Simbach einen großen Bahnhof mit ausgedehnten Gleisanlagen, die in dieser Flugzeugaufnahme aus den zwanziger Jahren gut zu erkennen sind. Das dreigliedrige Empfangsgebäude ist noch heute vorhanden, denn Pläne zur Stillegung der Bahn wurden aus strukturpolitischen Gründen abgesagt.

Die Lokalbahn von Berchtesgaden nach dem Königssee in Oberbayern ist am 19. Mai 1909, und zwar als elektrische Bahn mit 1000 Volt Gleichstrom, in Betrieb genommen worden. Wie die Triebwagenzüge, die elfenbein und senffarben lackiert waren, trugen auch die Bauten dieser kurzen Strecke gewisse Merkmale des Jugendstils. Die breiten Rundbogentore und die Formgebung der Dächer weisen zugleich auf die Architektur der Mittenwaldbahn, wie sie in Form des Bahnhofes Griesen gezeigt wurde, deutlich hin. Der ländlich-heitere Stil der Bauwerke aus dieser Zeit steht in starkem Kontrast zum kühlen Bauschaffen der Staatsbahn vor der Jahrhundertwende; allerdings handelt es sich auch um eine Ausflugsbahn. Ansicht von 1912.

Die nächste Ansichtskarte berichtet von der Lokalbahn Bad Aibling — Feilenbach, die am 29. Mai 1897 eröffnet worden ist. Die Strecke war auf Betreiben eines Elektrizitätswerkes an der Mangfall gebaut und mit Oberleitung von 550 Volt Gleichstrom versehen worden, doch recht rentieren wollte sie nicht. Diese Ansichtskarte vom „Elektrischen Bahnhof Feilenbach" ist bereits im September 1898 verschrieben worden, dürfte also die erste Bildkarte des Platzes sein. Tatsächlich war und blieb der Bahnhof Feilenbach bis zu seiner Stillegung 1973 ein wenig attraktiver Bretterbau, dessen Bedeutung nur durch den Wagenschuppen im Hintergrund etwas gesteigert werden konnte.

Der Bahnhof Bad Aibling der Staatsbahn lag neben dem der elektrischen Bahn nach Feilenbach. Das Empfangsgebäude ist von der bayerischen Maximiliansbahn im Verlauf ihrer Strecke Großhesselohe – Holzkirchen – Rosenheim 1857 angelegt worden. Die Ansichtskarte zeigt es im Zustand der dreißiger Jahre. Die elektrische Lokalbahn besaß gegenüber einen ähnlichen, nur etwas kleineren Bau in Ziegelbauweise, der heute nicht mehr vorhanden ist. In späteren Jahren fuhren die Lokalbahnzüge über ein Verbindungsgleis direkt in den Staatsbahnhof ein, der zum Vergleich mit dem Bau in Pfarrkirchen einlädt.

Eine sogenannte Pachtbahn war die 1865 eröffnete Strecke Starnberg – Penzberg über Tutzing. Sie wurde in Ermangelung staatlichen Geldes von der Stadtgemeinde Weilheim finanziert und an die Staatsbahn zum Betrieb verpachtet. Die Bauten dieser Zweigbahnen waren daher meist recht bescheiden, und das Fahrzeugmaterial glich dem auf den Lokalbahnen eingesetzten. 1916 wurde die Bahn ganz vom Staat übernommen. Diese geteilte Karte, etwa 1914 entstanden, zeigt oben den Personenbahnhof mit eingefahrenem „Glaskastl" und darunter die recht ausgedehnten Anlagen des Güterbahnhofes Penzberg. Das Empfangsgebäude ist ähnlich klein gehalten wie die Bauten der Isartalbahn.

Die 30 km lange Lokalbahn von Pasing nach Herrsching am Ammersee wurde erst im Juli 1903 eröffnet und übrigens 1925 auf elektrischen Betrieb umgestellt. 1904 ist diese Ansichtskarte von der Post befördert worden; sie zeigt den aus zwei ähnlichen Seitengebäuden und einer geräumigen Unterstellhalle bestehenden Bahnhof unter einem Seepanorama mit Dampfzug. Bahnstation und Kartenmalerei zeugen ein wenig vom Jugendstil jener Zeit und verkörpern die Idylle des Sonntagsausfluges von München.

Eine alte lithografische Karte aus dem Jahre 1898 zeigt Pfronten im Allgäu, die Ruine Falkenstein und das „Bahnhof-Hôtel" neben der Station der 1895 von Kempten eröffneten Bahn, die erst 1905 weiter zur österreichischen Grenze auf Reutte verlängert worden ist. Das Empfangsgebäude ist recht gut auszumachen, es trägt ein Krüppelwalmdach mit Gauben, während das Dampfzüglein vom Künstler nur dekorativ vereinfacht dazugesetzt worden ist.

Der Vorplatz des Hauptbahnhofes München, wie er in der hellen Mittagssonne daliegt, wird von einer Fülle verschiedener Fahrzeuge benutzt: Trambahnen, zu denen auch der "Trambahn-Warte-Raum" links gehört, viele Pferdedroschken, drei Automobile, dazu Radler und Handwagen. Die Lichtdruck-Bildpostkarte ist 1908 geschrieben worden. Der Bahnhof erhielt diese Fassadengestalt noch durch Bürklein 1858, während der eigentliche Umbau der Anlage mit den vier neuen Hallen durch Carl Schnorr von Carolsfeld und Jacob Graff zwischen 1876 und 1884 bestimmt worden ist, ohne daß sie an dem 192 m breiten Altbau etwas änderten. Die Baukosten betrugen 13,1 Millionen Mark. 1945 kriegszerstört, 1960 durch einen modernen Bau ersetzt, der die Innenhöfe der früheren Architektur beibehalten hat.

Dem modernsten Stand der Technik entsprachen die vier neuen Hallen des Hauptbahnhofes München, die nach den Plänen von Gustav Ebermeyer und Heinrich Gerber 1884 fertiggestellt worden sind. Der Hallenbau ist 138,4 m breit und 151 m lang. Diese Ansicht kam um 1903 heraus, sie zeigt vorn Wagenabstellanlagen. Auch in München boten sich durch die sieben einmündenden zweigleisigen Strecken (die sich zum Teil weiter gabelten, so daß insgesamt zehn Richtungen vorhanden waren) für den Gleisplan einige Schwierigkeiten, um den Übergang von Kurswagen zwischen den Linien zu ermöglichen. Hier waren 16 Hauptgleise an neun Bahnsteigen vorhanden, dazu kam der Starnberger Bahnhof mit weiteren neun Gleisen. 1910 wurden täglich 542 Züge abgefertigt.

ZEHNTES KAPITEL:

Württemberg

Stuttgart — Ulm — Schwäbisch Gmünd — Calw
Heilbronn — Tuttlingen — Friedrichshafen

Auch in Württemberg wurde der Eisenbahnbau von Anbeginn an auf Staatskosten betrieben. Jede der großen Linien wurde, zum Teil in Abschnitten, von einem Baumeister mit Hochbauten versorgt, so daß bei ihnen die stilgeschichtliche Verwandtschaft miteinander unübersehbar ist. Die Gliederung der Baumassen, die Form der Dächer und die Dekoration mit Arkadengängen zeigen dies deutlich.
Der neue Hauptbahnhof von Stuttgart, auf dem hier die Reise in Bildpostkarten zu Württembergs Bahnhöfen einsetzt, war für den Bau von Empfangsgebäuden bei den deutschen Eisenbahnen nach 1920, als sie zur Reichsbahn zusammengefaßt waren, ein epochemachendes Vorbild. Klar und sachlich sind die Baumassen vom Architekten Bonatz gegliedert, und die letzten großen Bahnhofsbauten vor dem Zweiten Weltkrieg können dieses Vorbild schwerlich verleugnen. Zugleich verkörpert das Gebäude aber auch den Anfang vom Ende der Eisenbahnzeit und vom Ende der herkömmlichen Bahnhöfe. Auch die Unterhaltung solcher gewaltigen Denkmäler ist heute für die Eisenbahn eine schwierige Aufgabe, die immer wieder zum Abriß oder Verkauf und einer Konzentration auf das wesentliche zwingt.

Bedeutendster und auffallendster Bahnhof in Württemberg ist zweifellos der Hauptbahnhof von Stuttgart, der nach Plänen von Paul Bonatz und F.E. Scholer nach einem Wettbewerb errichtet worden ist. Hier haben wir es mit einem noch vor dem Ersten Weltkrieg gezeichneten frühen Vertreter des neusachlichen Bauens zu tun, dessen gerade Formen bis in die späteren Bauten von Düsseldorf, Oberhausen und Beuthen hinein gewirkt haben. Grundsteinlegung 1914, Eröffnung in zwei Etappen 1923 und 1927. Die Front wird durch die beiden Eingangshallen für den Fernverkehr (rechts) und den Nahverkehr (links) wirkungsvoll unterbrochen. Der Turm sollte ursprünglich mittig angeordnet sein, wurde dann aber in die Blickachse der Königstraße gebracht. Diese Fotokarte wurde um 1935 verkauft.

Eher prämodern, noch etwas von Karlsruhe und Basel bestimmt, ist die Schalterhalle mit den Treppen zu den hochliegenden Gleisen in Stuttgart gestaltet worden, wie diese Karte von 1927 sehen läßt. 16 Gleise sind unter acht Hallen in neuzeitlicher Holzbauweise untergebracht worden, wobei die Stützen der Dächer auf den Gepäcksteigen fußten und über den Schienen freien Rauchabzug gestatteten. Eine große Halle, die Bonatz vorgesehen hatte, wurde nicht gebaut. Nach der Zerstörung der Holzbauten im Krieg hat man eine neue Stahlkonstruktion errichtet. Der erste Stuttgarter Bahnhof, 1845 eröffnet, 1868 durch Morlok und Wolff im Stil der Renaissance erneuert, lag seitlich an der Schloßstraße.

Ulm liegt an der württembergischen Hauptbahn von Bruchsal über Stuttgart und Geislingen nach Aulendorf und Friedrichshafen. Im Juni 1850 wurde der Abschnitt von Biberach bis Geislingen eröffnet, vier Jahre darauf kam die bayerische Maximiliansbahn von Augsburg heran, 1868 die Bahn von Blaubeuren. Das alte Bahnhofsgebäude von Heimerdinger wurde daher 1867 um seitliche Pavillons erweitert und am Vorplatz mit eisernen Arkaden versehen. Ein weiterer Umbau erfolgte 1889 – 1890; er brachte die gedeckte Vorhalle an der Straßenseite, Erweiterung der Eckbauten und die Bahnsteigunterführungen. In dieser Form, daneben rechts das neue Königliche Postamt, wurde der Bahnhof Ulm für die Ansichtskarte von 1903 abgelichtet. Im Krieg fast vollkommen zerstört; Neubau in den fünfziger Jahren.

Württemberg hat 1861 – 1863 die Remsbahn von Cannstatt über Gmünd, Aalen und Goldshöfe nach Nördlingen eröffnet, an der dieser Bahnhof Schwäbisch Gmünd liegt, und 1911 – 1912 wurde von dort die Verbindungsbahn nach Göppingen gebaut. Diese Karte ist gegen Ende der zwanziger Jahre zum Vertrieb gekommen. Links ist, von einem jüngeren Bahnsteigdach umgeben, das Empfangsgebäude aus der Eröffnungszeit zu sehen, während der Bau rechts, wie die städtische Bebauung hinter dem Bahnhof auch, erst später hinzugekommen ist.

1868 begann man mit dem Bau der württembergischen Schwarzwaldbahn von Zuffenhausen und eröffnete bis Ditzingen, 1869 bis Weil der Stadt, 1872 bis Calw und Nagold. An dem ersten Teilstück zwischen Zuffenhausen und Leonberg wurde der Bahnhof Korntal errichtet, der in dieser dreifach unterteilten Karte von 1908 zu sehen ist. 1906 hatte gerade die private Strohgäubahn ihre Gleise von Korntal nach Weissach gelegt; sie benutzte den schlichten Korntaler Bahnhofsbau mit. Er ist heute noch vorhanden.

Reutlingen wurde von der Oberen Neckarbahn aus Plochingen über Nürtingen 1859 erreicht, 1861 auch Tübingen. Auf dem letztgenannten Abschnitt liegt der Bahnhof Kirchentellinsfurt, damals in einer Mischung von Heimatstil und „Eisenbahnstil" gebaut. Karte von 1914.

Im ersten Jahrzehnt dieses Jahrhunderts bauten die Württembergischen Staatseisenbahnen im Raum Böblingen mehrere Nebenstrekken, von denen der Abschnitt Böblingen – Weil im Schönbuch am 16. Oktober 1910 eröffnet werden konnte. Wie schon bei den bayerischen Bahnhofsneubauten dieser Zeit zu beobachten, hat man auch hier recht verspielt in einer Mischung aus Schwarzwaldarchitektur und Darmstädter Jugendstil gebaut, während hinter dem Hause der obligate Bretterschuppen für den Güterverkehr verborgen ist. Die neue Eisenbahn ist in dieser Ansichtskarte, die vor dem Ersten Weltkrieg angefertigt wurde, stolz vor das Panorama des Ortes gebracht.

Das alte Schwarzwaldstädtchen Calw wurde, wie zu der Ansicht von Korntal schon mitgeteilt, 1872 von der Eisenbahn aus Stuttgart erreicht. Als Nagoldbahn wurde die Strecke noch 1872 bis in den Ort Nagold südwärts und 1874 bis Pforzheim-Bötzingen in Baden nordwärts fortgesetzt. Die Abzweigstation Calw erhielt daher in den siebziger Jahren dieses geräumige Empfangsgebäude, wie es ähnlich beispielsweise auch in Eßlingen errichtet worden ist. Die Ansicht datiert von 1906.

Ein Gruß aus Oehlbronn vom Dezember 1905: Die kleine Station, heute Ölbronn geschrieben, liegt an der württembergischen Hauptbahn zwischen Mühlacker und Bretten bei Maulbronn West. Es ist nur ein unbedeutender Haltepunkt mit einem besseren Wärterhaus als Gebäude, dessen Bedeutung von dem „Gasthaus zu Eisenbahn von Karl Geissler" weit übertroffen wird. In beiden Bildern dieser Ansichtskarte sind vor die Häuser auch die Menschen getreten, die dort damals arbeiteten.

Der erste Bahnhof von Heilbronn kam im Verlauf der württembergischen Nordbahn aus Stuttgart und Bietigheim 1848 zur Ausführung. Es war ein klassizistischer Endbahnhof mit gemauerter Einsteighalle. Die nächsten Strecken von Heilbronn wurden erst 1862 nach Waldenburg, 1866 nach Friedrichshall-Jagstfeld und 1878 in Richtung Eppingen eröffnet. Unter der Leitung des Oberbaurates Abel hat man damals den Bahnhof Heilbronn in der hier gezeigten Form ausgebaut, wieder mit romanischen Bogengängen und sehr betonten Seitengebäuden. Die Postkarte ist 1915 geschrieben. In den fünfziger Jahren durch einen Neubau ersetzt.

Wie ein bayerischer Bahnhof mit seinen kräftig gemusterten Sandsteinquadern sieht das Stationsgebäude von Eckartshausen-Ilshofen an der Kocherbahn zwischen Crailsheim und Hall aus, die Ende 1867 eröffnet worden ist. Die Staatsbahn hat hier mit heimischen Materialien und regionalem Stil einen sehr harmonisch wirkenden Bau erreicht, neben dem das Genossenschafts-Lagerhaus links im Hintergrund recht befremdlich wirkt. Die Postkarte ist 1931 aufgegeben worden.

Kein Empfangsgebäude, sondern nur die Einfahrt des Bahnhofes Hechingen an der Strecke Tübingen - Sigmaringen mit einem Dampfzug können wir auf dieser Karte ausmachen, die Ende 1897 expediert worden ist. Der Fotograf war wohl von der Totalansicht mit der Zollernburg derart gefangen, daß er dem profanen, 1867 – 1868 errichteten Bahnhofsbau keinen Blick schenken wollte. Die Strecke von Tübingen wurde im Juni 1869 eröffnet. 1901 wurde in Hechingen der „Landesbahnhof" für die Hohenzollerische Landesbahn nach Gammertingen in Betrieb genommen, und die alte Anlage hieß fortan Staatsbahnhof. Trösten wir uns aber damit, daß er dem in der nächsten Karte gezeigten Bahnhof Tuttlingen fast aufs Haar glich.

Dieser Bahnhof Tuttlingen ist 1869 mit dem ersten Teil der oberen Donaubahn Rottweil – Tuttlingen – Immendingen dem Verkehr übergeben worden und lag auf dem Weg über Singen nach der Schweiz. Man baute damals bereits mit „Normalplänen" und „Normalkostenvoranschlägen", so daß sich ein Empfangsgebäude wie das von Tuttlingen, gelegentlich um eine Fensterachse größer oder kleiner, häufiger wiederfindet. Zum Entwurf solcher Pläne im voraus hatte der württembergische Oberbaurat Gaab, als zwischen 1854 und 1857 der Eisenbahnbau stagnierte, genügend Zeit gehabt.

Zum Abschluß der kurzen Reise durch Württemberg ein Blick auf diese Ansichtskarte vom Bahnhof Friedrichshafen am Bodensee. Er bildet den Endpunkt der Südbahn von Ulm über Biberach, Aulendorf und Ravensburg; eröffnet bereits November 1847. Der Fachwerkbau links, an einen Lagerschuppen angelehnt, entstand ebenfalls unter der Direktion von Gaab. Die beiden Gleise, die auf den Betrachter zulaufen, führen direkt auf das Trajektschiff nach Romanshorn; links ist bereits die Kaimauer mit einem Schiffsbug zu erkennen. Diese schöne Karte mit den zahlreichen Gepäckträgern ist um 1905 verkauft worden. Sehr bekannt als Neubau der Deutschen Reichsbahn ist der zwischen 1930 und 1932 in Friedrichshafen errichtete heutige Hafenbahnhof geworden.

Elftes Kapitel:

Baden zwischen Mannheim und Basel

Mannheim — Lauda — Bruchsal — Karlsruhe
Rastatt — Baden-Baden — Offenburg
St. Georgen — Freiburg — Lörrach — Basel

Im Großherzogtum Baden sind alle Strecken und Bahnhöfe von überregionaler Bedeutung, sieht man einmal von einzelnen an den Grenzen ab, von der Staatsbahn erbaut worden. Bei der Erstausstattung der am Rhein von Mannheim bis Basel angelegten Hauptbahn hat sich besonders Friedrich Eisenlohr als Architekt einen Namen gemacht. Die Mehrzahl der Stationsgebäude ist von ihm im klassizistischen Stil entworfen, später aber mitunter recht respektlos erweitert und umgebaut worden. Wie in Bayern und Württemberg ist das aus Mittelbau, niedrigen Zwischenflügeln und recht großen Eckbauten zusammengesetzte Aufnahmegebäude seitlich am Durchgangsbahnhof weit verbreitet, häufig mit Holzschnitzereien am Dach dekoriert. Kleinere Bahnhöfe begründen ihren Stil auf Formen des Schweizer Hauses und des einheimischen Schwarzwaldhauses. Die Bahnhofs-Baukunst in Baden fand mit den bemerkenswerten prämodernen Gebäuden in Karlsruhe und Basel, in deren Konstruktion der Eisenbeton eine wesentliche Rolle spielt, ihren Abschluß.
Zugleich ist mit den Postkarten-Abbildungen dieses Kapitels unsere Tour durch das Gebiet der heutigen Bundesrepublik und der Bundesbahn beendet; der nächste Teil des Buches beschreibt ausgewählte Bahnhöfe in der heutigen DDR, beginnend in uns um Berlin.

Friedrichsfeld bei Mannheim hatte schon in frühester Zeit zwei getrennte Bahnhöfe. Das hatte damit zu tun, daß die Badische Staatsbahn 1840 ihre Hauptbahn von Mannheim über Heidelberg nach Karlsruhe bis zur Schweizer Grenze in Breitspur von 1600 mm baute, während die Main-Neckar-Bahn von Frankfurt und Darmstadt nach Heidelberg 1846 in Regelspur neben jener den Betrieb aufnahm. Letztere Bahn war ein Kondominium (gemeinsam verwalteter Bereich) der Länder Baden und Hessen sowie der Freien Reichsstadt Frankfurt. In Friedrichsfeld gab es also, auch nach Aufgabe des Breitspurbetriebes 1855, einen Badischen und einen Main-Neckar-Bahnhof. Das hier abgebildete Empfangsgebäude wurde 1882 neu errichtet, nachdem zwei Jahre zuvor die Durchgangsstrecke von Friedrichsfeld nach Schwetzingen mehr Verkehr auf den Bahnhof gebracht hatten. Es besteht heute noch als Wohnhaus. Die Ansichtskarte ist um 1912 herausgekommen, sie zeigt deutlich Jugendstil-Ornamentik.

Mannheims erster Kopfbahnhof von 1840, vermutlich von Friedrich Eisenlohr entworfen, wurde durch weitere dort einlaufende Strecken von Ludwigshafen (1867), Schwetzingen (1870) und Lampertheim (1880) schon bald als zu klein angesehen. Bereits 1867 entstand daher ein neuer Durchgangsbahnhof, dessen Gebäude im ausgewogenen Renaissancestil mit der betonten Mittelhalle und den kleineren Seitenbauten wieder stark an Bonn erinnert. Das Bauwerk ist bereits vor dem Krieg mehrfach umgestaltet worden (1871, 1906, 1910), indem man die hohe Kuppel entfernte und in den Arkaden weitere Diensträume unterbrachte. Erhebliche Änderungen brachte auch der Wiederaufbau von 1958 mit sich. Die Ansichtskarte von 1915 zeigt zahlreiche Straßenbahnen und Handkarren auf dem Vorplatz, der nach dem Umbau von 1910 neu gestaltet worden ist.

Der Bahnhof von Eberbach am Neckar ist 1879 eröffnet worden, im Verlauf der Zweigbahn von Neckargemünd nach Neckarelz durch das Flußtal, während zuvor zwischen den beiden Orten die 1862 fertiggestellte Strecke über Meckesheim bestand. Die neue Strecke verlief teilweise über hessisches Gebiet, und 1882 trafen auch die Gleise der hessischen Ludwigsbahn von Erbach im Odenwald auf Bahnhof Eberbach ein. Das symmetrisch angelegte Empfangsgebäude hat seitlich Sandsteinsockel mit hell verputztem Mauerwerk für die oberen Geschosse. Dieses Bild ist nach dem Ersten Weltkrieg entstanden.

Der Bahnhof Neckarelz ist bereits 1862 angelegt worden. Damals wurde die genannte Bahn von Heidelberg über Neckargemünd und Meckesheim in Betrieb genommen, die nur auf badischem Gebiet verlief und 1866 bis Lauda zum Anschluß an Bayern verlängert worden ist. 1879 kam in Neckarelz die kreuzende Strecke von Eberbach in Hessen nach Jagsfeld in Württemberg hinzu. Der alte Bahnhof ist angesichts solcher gewachsenen Aufgaben etwas stillos erweitert worden. An dieser Karte aus den Jahren um 1914 sind die später angebauten Bahnsteigdächer, die Läutewerke der einzelnen Strecken am Stellwerk und die einzelnen Schilder mit der für den Lichtdruck typischen Exaktheit zu erkennen.

Von einem Bahnhof in Robern läßt sich bei diesem winzigen Bau kaum sprechen, doch er wird hier gezeigt, um die ganze Spannweite des Begriffes zu dokumentieren. Robern liegt an der berühmten badischen Schmalspurbahn von Mosbach nach Mudau im südlichen Odenwald, die am 3. Juni 1906 eröffnet worden ist. Bau und Betrieb hatte ein Privatunternehmen unter staatlichen Zuschüssen besorgt, bis die Linie 1931 auf die Reichsbahn überging. Schul- und Rathaus sind die übrigen Sehenswürdigkeiten des Dorfes im Jahre 1912. Die Meterspurbahn ist 1973 stillgelegt worden.

Letzte Station im badischen Odenwald ist der Bahnhof Lauda, 1866 an der Strecke Osterburken – Königshofen – Würzburg eröffnet und 1868 durch die Bahn nach Wertheim mit weiterem Zugverkehr belastet. Die Gleise und Bauten sind nach den Erfordernissen einer „Maschinenwechsel-Station", wie es in einem frühen Musterbuch heißt, zweckmäßig angelegt. Das Gebäude selbst ist noch vom Klassizismus des alten Hauptbahnhofes Karlsruhe geprägt, wenn auch die Detailgestaltung durch das Massenbauen der Eisenbahnzeit weniger kleinteilig und verspielt gehalten ist. Diese Feldpostkarte ist im Mai 1915 aufgegeben worden.

Bruchsal an der Hauptbahn von Nord nach Süd hat den ersten badischen Bahnhof 1843 erhalten. 1853 wurde hier die württembergische Bahn nach Bretten und Mühlacker eingeführt, 1874 die Strecke nach Graben-Neudorf gebaut. Im Jahre 1879 hat Baden von Württemberg die Strecke bis Bretten zurückgekauft. Zu dieser Zeit mußte auch der Bahnhof von Bruchsal erneuert werden, und die Badische Staatsbahn errichtete einen weiteren Neurenaissancebau im damals üblichen Stil mit stärker betonter Eingangshalle in der Mitte, der auch an Schloß Bruchsal erinnert. Diese Karte ist erst während des Zweiten Weltkrieges versandt worden; die Schrift unter dem Bild und am Bahnhof selbst lassen auf die Epoche der Aufnahme schließen.

In der Landeshauptstadt Karlsruhe sind nacheinander zwei baugeschichtlich bedeutsame Empfangsgebäude der Staatsbahn entstanden und in Postkarten dokumentiert: Friedrich Eisenlohr war der Architekt des ersten, ausgeprägt spätklassizistischen Baues von 1842, dessen Qualitäten uneingeschränkt anerkannt werden müssen. Diese Ansichtkarte, die 1904 kurz vor seinem Ende verkauft worden ist, zeigt aber auch den stets etwas respektlosen Umgang der Bahnverwaltung mit ihren Bauten: Als die Räume nicht mehr ausreichten, wurde (um 1885) einfach nach der Straßenseite hin mit neuen Fassaden und Arkaden angebaut, selbst wenn das alte Walmdach darüber nun etwas verloren wirkte.

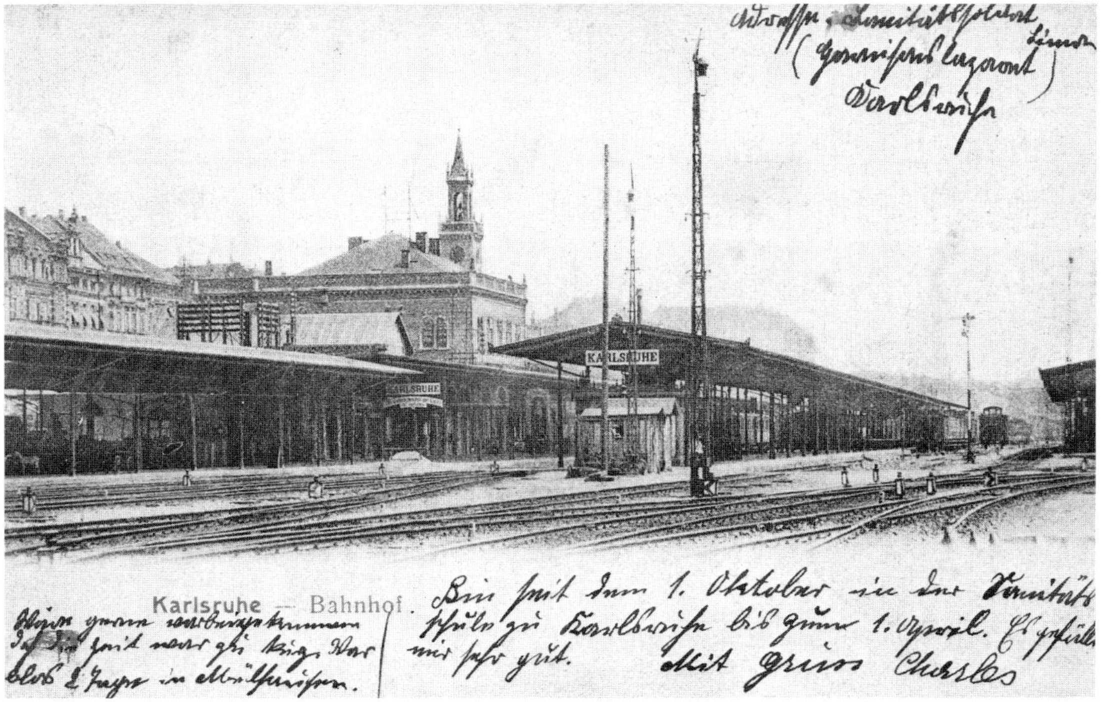

Auf der Gleisseite, hier eine Ansicht nochmals um 1904 – 1905, hat die Wirkung des Gebäudes ebenfalls unter der Aufstellung der für den Verkehr wichtigen Bahnsteigdächer gelitten. Wieder erkennt man, wie das Dach nur über dem alten Eckbau sitzt. Besondere Erwähnung verdient noch der venezianische Glockenturm, der 1842 jedenfalls den Ruf der neuen Zeit verkündet hat. In den Jahren 1908 bis 1913 wurde dieses Bauwerk an den Augärten durch einen etwa tausend Meter entfernten Neubau ersetzt, zu dessen Entwurf die Staatsbahn einen Architektenwettbewerb ausgeschrieben hatte.

August Stürzenäcker, nach dessen Vorschlag dieser Bau ab 1908 realisiert wurde, hatte im Preisgericht des Wettbewerbs zwar nur den vierten Platz errungen, doch sagte der Plan des Gewinners damals der Staatsbahn nicht zu, und auch zum Bau eines nichtbadischen Vorschlages (2. und 3. Platz) wollte man sich nicht entschließen. Die Anlage Stürzenäckers, ein Durchgangsbahnhof mit hochgelegten Gleisen und einem im prämodernen Zeitstil gehaltenen Empfangsgebäude, befriedigte aber schließlich alle Erwartungen. Die fünfeckig gebrochene Fassade an der Eingangshalle zeigt Wirkungen des Jugendstils, während andere Details auch Verwandtschaft mit Basel, Oldenburg und Leipzig aufweisen. Im Inneren ist die aus Seitenflügeln und Eingang gekreuzte Tonnenhalle von bis zu 18 m Spannweite bemerkenswert. Die fünf stählernen Bahnsteighallen haben 21,5 m Stützweite und 13 m Höhe.

Nur wenig ist über die Baugeschichte des Bahnhofes von Rastatt zu sagen. Der erste Bahnhof von Eisenlohr an der badischen Hauptbahn von 1843 wurde nach dem Anschluß der Murgtalbahn von Gernsbach (1869) zu klein und erweitert. 1895 wurde die von den Interessen des Reiches stark bestimmte Bahn von Karlsruhe über Durmersheim, Rastatt und Winterdorf über den Rhein nach Hagenau im Elsaß erbaut. Die zeittypischen Versatzstücke der Renaissance sind auch an diesem Bau wieder festzustellen. Nach dem Krieg wurde ein Neubau erstellt.

Der Bahnhof von Oos hat im Lauf der Jahre wechselnde Namen gehabt: Er liegt an der 1844 eröffneten badischen Hauptbahn zwischen Rastatt und Offenburg, und von dort wurde schon 1845 eine Stichbahn nach dem internationalen Kurort Baden-Baden eröffnet, der geschützt über der Rheinebene am Schwarzwald liegt. Der Bahnhof im Tal hieß Baden-Oos, später Baden-Baden West, und heute, nach Einstellung des Betriebes auf der Stichbahn im Jahre 1977, trägt die Station in Oos sogar den klingenden Namen Baden-Baden ohne weitere Zusätze. Die Ansichtskarte, um 1900 vertrieben, zeigt das langgestreckte Empfangsgebäude aus der Frühzeit der badischen Bahnen neben anderen Sehenswürdigkeiten des Ortes.

Die Heilquellen in Baden-Baden haben stets ein exklusives Publikum angezogen, das auch die Staatsbahn als Fahrgäste nicht missen wollte. Man richtete daher schon frühzeitig Kurswagen nach dem Bahnhof in der Stadt Baden-Baden ein, und gab dem Empfangsgebäude 1894 diese für den Endbahnhof einer Stichstrecke sehr repräsentative neue Gestalt im Stil der deutschen Renaissance. In dieser Zeit trat aber auch schon eine Straßenbahn zwischen Oos und dem Bad als Konkurrent auf den Plan. Nach der Stillegung der Eisenbahnstrecke 1977 wurde der als stadtgeschichtlich bedeutsam angesehene Bahnhofsbau an die Kommune veräußert, die ihn für Aufgaben im Kur- und Kongreßwesen nutzen will. Fotokarte aus den dreißiger Jahren.

1861 hat man in Kehl dieses Bahnhofsgebäude errichtet. Der Ort wurde bereits 1844 von der ersten Zweigstrecke an der Hauptbahn von Appenweier her erreicht, doch ein neues Empfangsbauwerk war mit der Weiterführung der Linie über die Rheinbrücke nach Straßburg notwendig. Mit den großen Rundbögen zeigt es den südlich inspirierten Stil der Romantik; die Seitenbauten sind später angesetzt. Auch diese Bildpostkarte ist, wie die aufgereihten Kraftdroschken sowie die Beschriftung belegen, um 1935 erschienen. Nach Kriegsbeschädigung der Station wurde hier 1966 völlig neu gebaut.

Raumünzach im Schwarzwald ist erst relativ spät an das Schienennetz angeschlossen worden. Zwar wurde die Murgtalbahn von Rastatt bis Gernsbach schon 1869 gebaut, doch die Verlängerungen bis Weisenbach (1894) und Forbach (1910) dauerten ihre Zeit. Der Abschnitt von Forbach nach Raumünzach wurde gar erst im Mai 1915 fertig. Damals hat man diesen kleinen Bahnhofsbau im Heimatstil des Schwarzwaldes, ein wenig moderner aufgefaßt, ins Flußtal gestellt. Der südliche Anschluß der Bahn von Klosterreichenbach in Württemberg ist erst von der Reichsbahn 1928 eröffnet worden. Etwas vor diesem Zeitpunkt ist die Aufnahme entstanden.

Raumünzach.

Appenweier liegt wieder an der badischen Hauptbahn; hier ist, wie gesagt, zugleich mit der durchgehenden Strecke 1844 der Abzweig nach Kehl angelegt worden. Die Renchtal-Eisenbahn von Appenweier nach Oppenau kam 1876 hinzu. Der Bau ist nach der üblichen Weise in Seitenlage entwickelt worden und zeigt die von Karlsruhe oder Oos her geläufige Form. Diese „Katastrophen-Karte" von 1905 dokumentiert den Bahnhof nach Verwüstung in einem Unwetter, dem die Bahnsteigüberdachung nicht standgehalten hat. Neubau nach dem Krieg.

Verheerungen am Bahnhof Appenweier durch das Unwetter am 10. August 1905.

Eine weitere Variante des badischen Durchgangsbahnhofes an der Hauptbahn bietet Offenburg, ähnlich Oos mit zwei Eckgebäuden und zwischenliegender Arkadenreihe im klassizistischen Stil Eisenlohrs entworfen. 1844 endete hier die Hauptbahn, ein Jahr später ging der Betrieb weiter bis Freiburg. Im Jahre 1866 wurde in Offenburg die badische Schwarzwaldbahn nach Hausach und (1873) Villingen in die Station eingeführt. Rechts in dieser Ansichtskarte, die 1904 versandt wurde, ist das Meterspurgleis der Lahrer Straßenbahn sichtbar.

Der Bahnhof Triberg an der Schwarzwaldbahn liegt inmitten ihres 1873 eröffneten gebirgigen Abschnitts zwischen Hausach und Villingen. Den Bau dieser Bahnlinie hat Robert Gerwig bestimmt. Als Empfangsgebäude hat man hier einen langgestreckten hellen Putzbau mit zwei Querflügeln und Uhrtürmchen errichtet, der hinter dem geräumigeren Lagerhaus in der Kurve der Gleisanlagen zu erkennen ist. Die Postkarte stammt aus den frühen zwanziger Jahren.

Heitersheim liegt nicht weit von Bad Krozingen zwischen Freiburg und Müllheim in Baden. Dieser Abschnitt der Hauptbahn kam 1847 in Betrieb. Der Bahnhof – in einer 1914 verwendeten Bildpostkarte – wird hier gezeigt als Beispiel des unscheinbaren Zwischenbahnhofs, dessen Architektur vom sparsamen Eisenbahnstil diktiert war, und dessen Baugeschichte nur wenig beachtet wurde. Hier dürfte es sich um einen Neubau aus den achtziger Jahren des vorigen Jahrhunderts handeln, als der erste Bau nicht mehr genügte. Erdgeschoß mit rustikalen Natursteinblöcken geschmückt, Oberstock in Fachwerk mit teilweiser Verbretterung.

Über die rechtlich-politischen und die betrieblichen Probleme eines badischen Bahnhofes im schweizerischen Basel sind schon lange Aufsätze geschrieben worden. Die Badische Staatsbahn konnte den Ort nicht umgehen, wollte aber anfangs nur eine Durchgangsstation an ihrer Linie nach dem Hochrhein einrichten. Bereits 1851 war Haltingen von der Eisenbahn erreicht, doch die Reisenden nach Basel mußten mit dem Pferdeomnibus weiterfahren, weil die Verträge über den Bahnbau auf Schweizer Gebiet noch nicht ausgehandelt waren. 1855 wurde dann in Basel ein provisorischer Bahnhof errichtet, 1856 die Strecke weiter bis Säckingen eröffnet. Als 1862 die badische Nebenbahn nach Schopfheim in Betrieb ging, war auch der erste Badische Bahnhof in Basel nach Entwurf von Josef Berckmüller fertiggestellt, der dann bis 1913 in Verwendung geblieben ist. Einen Anschluß nach der Schweiz hat er aber erst 1873, als die Brücke nach dem Centralbahnhof Basel gebaut war, erhalten. Ersetzt wurde dieser alte Bau durch den abgebildeten, in der Einleitung beschriebenen Bau von Moser, der rund fünfzig Millionen Goldmark gekostet haben soll. Fotokarte um 1920.

Auch der Bahnhof St. Georgen liegt an der Schwarzwaldbahn, und zwar auf halbem Wege zwischen Triberg und Villingen. Hier hat man 1873 in einem stark heimatverbundenen Stil gebaut, der sich in der Form des Daches und in den hölzernen Fensterläden wiederspiegelt, und den man das „Schweizer Haus" nennt. In dieser Ansichtskarte aus der Zeit um 1910 stehen zahlreiche gedeckte Güterwagen auf dem Bahnhof; vorn die typischen Rollwagen der Zeit.

Der Bahnhof Schwenningen als letzte württembergische Stadt an der Oberen Neckarbahn von Tübingen liegt im 1869 eröffneten letzten Abschnitt der Strecke zwischen Rottweil und Villingen. Wieder erlaubt die „Partie am Bahnhof" von 1909 einen Blick über Gütergleise und Pferdefuhrwerke sowie Bierwagen und Lagerschuppen, hinter denen das hell verputzte Stationsgebäude liegt. Gegenüber den neuen Fabrikanlagen von Kienzle im Hintergrund wirkt der helle Putzbau mit den schmalen Seitenflügeln sehr bescheiden. Umbau nach dem Krieg.

Von Villingen an der badischen Schwarzwaldbahn wurde 1904 eine 9 km lange Nebenbahn zu dem vielbesuchten Solbad Dürrheim eingerichtet. Breit und behäbig liegt das im regionalen Stil an ein vorhandenes Bauwerk angesetzte Bahnhofsgebäude neben dem frisch gestreuten Schotter der Gleise und einer grundlosen Bahnhofstraße. Die Karte, wohl im Eröffnungsjahr entstanden, ist 1909 abgestempelt worden. Im Gasthaus „Rössle" konnte man laut Baedeker noch 1936 für 1,80 Mark übernachten.

Die Bahn von Basel nach Lörrach und Schopfheim in das Wiesental ist 1862 in Betrieb genommen worden. Vergleicht man das Bahnhofsgebäude mit den zwei Jahrzehnte zuvor errichteten Bauten des Architekten Eisenlohr, so fällt der Übergang vom Klassizismus zur frühen Eklektik sogleich ins Auge: Der Mittelhalle ist eine altertümliche Schmuckfassade vorgesetzt, und auch die als Kontrast zum hellen Putz ausgeführte Umrahmung der Fenster in Naturstein wird nun für lange Jahre zur Mode. Diese Ansicht datiert etwa von 1914; sie gefällt auch durch den Kiosk im Vordergrund, denn für solche profanen Gebäude ist üblicherweise in Architekturgeschichten und im Denkmalschutz nur wenig Platz.

Freiburg im Breisgau war 1845 vorläufiger Endpunkt der badischen Hauptbahn, ehe diese 1847 bis Schliengen südwärts verlängert wurde. Auch dieser klassizistische Bau von Eisenlohr mit dem hohen Dachreiter ist vor der Entstehung der Ansichtskarte im Jahre 1906 mehrfach erweitert worden; neue Aufgaben hatte der Bahnhof 1871 mit dem Bau der Bahn nach Colmar und 1887 mit Eröffnung der Höllentalbahn nach Titisee und Neustadt erhalten, die 1901 durchgehend bis zur Schwarzwaldbahn bei Donaueschingen verlängert wurde. Die großen Bahnsteigüberdachungen nehmen dem Bau viel von seiner Wirkung, doch dafür sind die badischen Wagen, die Lokomotive der Gattung IId, das Stützenstellwerk nebst Läutewerken und die Bahnsteigkarren bemerkenswerte Elemente aus dem Bahnhofs-Alltag von einst. Das Gebäude wurde 1944 stark zerstört, nach 1950 verändert aufgebaut.

Rechts am Rand dieser Karte, die in den zwanziger Jahren erschienen ist, sind noch einmal die Dächer des Bahnhofes von Lörrach zu erkennen. Die Strecke von Basel nach Schopfheim ist 1913 auf elektrischen Betrieb umgestellt worden; man sieht die Masten der Oberleitung und die hohe Ausführung des Fußgängersteges. Zugleich sind aber auch noch der Wasserturm und ein Gaskesselwagen für die Zugbeleuchtung sichtbar. Die Häuserzeile im Hintergrund verkörpert die kleinstädtische Variante des „Bahnhofsviertels", wie es zwischen 1871 und 1914 in fast allen von der Eisenbahn berührten Ortschaften neu und unverwechselbar entstanden ist, als das bürgerliche Bauen dem Ort des Fortschritts noch so nahe wie möglich zu sein trachtete.

Teil II:

Bahnhöfe von der Ostsee bis zum Erzgebirge – eine Reise durch das Gebiet der heutigen DDR

Zwölftes Kapitel:

Die nördliche Mark Brandenburg und Mecklenburg

Berlin Stettiner Bahnhof — Oranienburg — Neubrandenburg
Stralsund — Bergen — Bad Doberan — Schwerin — Wismar
Wittenberge — Spandau — Berlin Lehrter Bahnhof

In diesem Kapitel soll der Versuch unternommen werden, die Strecken und Bahnhöfe zwischen dem Berliner Norden und der Ostsee anhand alter Ansichtskarten aufzusuchen. Es ist eine Rundreise, die auf dem Stettiner Bahnhof beginnt, sodann Mecklenburg, Strelitz sowie das westlichste Pommern berührt, und die schließlich über die Berlin-Hamburger Eisenbahn zurückkehrt in das einstige Zentrum des deutschen Eisenbahnwesens. Zwei Schwerpunkte bilden sich dabei heraus, nämlich einmal die Bahnhofsbauten im Großherzogtum Mecklenburg mit den zugehörigen Stationen an der See, die oft etwas verspielt wirken, und zum anderen die strengen Architekturen der frühen Strecke von Berlin bis Hamburg mit ihren spätklassizistischen Bauten nach Entwürfen von Friedrich Neuhaus. Erfreulicherweise sind es auch hier nicht nur die bekannten großen Bahnhofsbauten in Berlin, von denen sich Karten überliefert haben, sondern ebenso sind die kleinen verschlafenen Landstationen im Reich des „Entspekters Bräsig" von Fritz Reuter vertreten.

Jede Reise an die Ostseeküste begann für die Berliner früher am Stettiner Bahnhof, und danach richtet sich auch diese Kartenfolge. Der erste Stettiner Bahnhof ist 1842 mit Eröffnung der Strecke bis Eberswalde in Betrieb genommen worden; 1876 hat man ihn durch diesen spätromantischen Baukörper nach Entwurf des Geheimen Regierungsrats Theodor Stein ersetzt. Bemerkenswert an dem Ziegelbau, der mit Rüdersdorfer Kalkstein und sächsischem Sandstein geschmückt wurde, ist die Übernahme der Hallenform bis in die Fassade. Um 1903 baute man rechts drei kleine Hallen für den Fernverkehr an, zuvor links einen Vorortbahnhof. Die hier in einer Karte von 1904 gezeigte Westseite ist die Ankunftsseite des Gebäudes. 1952 stillgelegt, 1962 abgerissen.

Bahnhof Wandlitzsee

Der Bahnhof Wandlitzsee im Berliner Norden ist mit der Reinickendorf-Liebenwalde-Groß Schönebecker Eisenbahn zu erreichen gewesen. Diese Strecke, später Niederbarnimer Eisenbahn, nahm ihren Ausgang von der Station Reinickendorf-Rosenthal (später Wilhelmsruh) an der Nordbahn und erschloß das zwischen dieser Strecke und der Stettiner Bahn liegende Ausflugsgebiet in der Schorfheide. In den zwanziger Jahren herrschte hier mit stündlichen Zügen nach Berlin genug Verkehr, um diesen Bahnhofsneubau im neusachlichen Stil mit Leben zu erfüllen.

Nach Oranienburg fuhr man ab 1877 mit der Berliner Nordbahn, die recht bald in den Stettiner Bahnhof eingeleitet worden ist. Das erste kleine Empfangsgebäude von Oranienburg ist in der üblichen Eisenbahnarchitektur der Zeit gehalten, die mit vereinheitlichten Entwürfen arbeitete. Die Ansichtskarte aus dem Jahre 1899 ist mit der Bahnpost von Stralsund, Zug 208, über die Nordbahn nach Berlin transportiert worden.

Einen Bahnhofsneubau erhielt Oranienburg im neubarocken Stil der Zeit nach dem Ersten Weltkrieg, da das zuvor gezeigte Empfangsgebäude dem angewachsenen Verkehr auf den separaten Vorortgleisen nicht mehr zu genügen vermochte. Ähnlich auch Frankfurt an der Oder. 1924 endete in Oranienburg eine der ersten elektrifizierten Nahverkehrsstrecken im Berliner Raum, aus denen sich dann das S-Bahn-Netz entwickelte. Die Postkarte ist 1934 gedruckt worden; damals war Oranienburg auch der Name eines berüchtigten Konzentrationslagers.

Die Kremmener Bahn im Norden Berlins, die in Schönholz von der Nordbahn abzweigte, ist 1893 in Betrieb genommen worden. Auf dem Bahnhof von Velten in der Mark, von wo Öfen und Kacheln nach Berlin expediert worden sind, endete ab 1924 eine weitere elektrifizierte Vorortbahnlinie. Diese Ansichtskarte, 1909 beschrieben, zeigt noch das erste Bahnhofsgebäude von Velten in der zeittypischen Gestalt. 1925–1926 umgebaut.

Diese Ansichtskarte ist 1926 vom Bahnhof Kremmen nach Berlin geschickt worden. Der elektrische Betrieb endete auf dieser Bahn ja noch in Velten, und den Anschluß nach Kremmen besorgte die Reichsbahn im Nebenbahnbetrieb. Übrigens schloß in Kremmen die Ruppiner Eisenbahn mit der Strecke nach Neurupüpin, Wittstock und Meyenburg an der Mecklenburgischen Seenplatte an. Bemerkenswert daher die beiden Stationsgebäude und die Unterführung der Bahngleise. Gebäude heute noch vorhanden.

Der Ort Templin und der kleine Bahnhof Templin Vorstadt liegen an den Strecken, die von Löwenberg nach Prenzlau und von Britz nach Fürstenberg das ländliche Gebiet zwischen der Stettiner und der Nordbahn unweit der mecklenburgischen Grenze erschließen. Sie wurden mit den Empfangsgebäuden um die Jahrhundertwende eröffnet; das hier in einer Karte von 1913 gezeigte kleine Bauwerk läßt durch den hellen Putz über dem Mauerwerksockel und dem steiler geneigten Dach erkennen, daß es bereits nach der Ära der vereinheitlichten Massenbauten errichtet worden ist.

Ebenfalls zum Netz der Berlin-Stettiner Eisenbahn gehörte der Abschnitt von Angermünde nach Freienwalde, der als eine der letzten Bauten jener Bahn vor der Übernahme durch den Staat Anfang 1877 in Betrieb genommen wurde. Der Bahnhof von Oderberg-Bralitz liegt an dieser Strecke, nicht weit von Oder und Finowkanal entfernt. Die Entstehungszeit des Empfangsgebäudes ist nach allem, was bisher über den Eisenbahnstil der siebziger und achtziger Jahre des vorigen Jahrhunderts gesagt wurde, nicht schwer festzustellen. Auf der Ansichtskarte aus den Jahren um 1915 sind nur die wichtigsten Dienstkräfte der Station angetreten.

Auf dem Bahnhof von Neubrandenburg in Mecklenburg-Strelitz treffen sich die Gleise der preußischen Nordbahn von Berlin nach Stralsund (1877) mit denen der Bahn von Friedland (1884) und von Parchim (Mecklenburgische Südbahn, 1885). Bereits 1864 – 1867 war die Strecke der Mecklenburgischen Friedrich-Franz-Bahn von Güstrow über Neubrandenburg bis Straßburg (und Pasewalk) angelegt worden. Der entsprechend starke Verkehr führte zum Bau dieses ausgedehnten Empfangsgebäudes von 1864, das durch Pilaster und Gesimse sowie das vorgebaute Portal kräftig gegliedert ist. Die Postkarte ist um 1910 verkauft worden.

Stralsund wurde im Jahre 1863 aus Anklam von der Berlin-Stettiner Eisenbahn erreicht, 1878 fuhr hier die Nordbahn über Neubrandenburg ein; Strecken nach Tribsees (Lenz-Kleinbahn) und Rostock in Mecklenburg kamen hinzu. Dieses neue Empfangsgebäude im Stil der norddeutschen Backsteingotik wurde errichtet, bevor 1909 der Trajektbetrieb über das Stralsunder Fahrwasser nach Altefähr auf Rügen mit der anschließenden Bahn nach Saßnitz aufgenommen wurde. Besonders bemerkenswert sind auch hier die Muskelkraftfahrzeuge auf dem Bahnhofsvorplatz.

Die erste Eisenbahnstrecke auf Rügen von Altefähr nach Bergen wurde 1883 eröffnet, und 1891 wurde diese bis Saßnitz-Crampaß verlängert. Der damals entstandene Bahnhof ist in dieser Ansichtskarte aus den Jahren um 1906 noch als Endbahnhof dargestellt; erst 1909 wurden die neuen Anlagen in Saßnitz und am Fährbahnhof in Betrieb genommen, die man heute mit diesem Ortsnamen verbindet. Die vorgebauten Veranden und die verspielte Dacheindeckung lassen erkennen, daß es sich um den Bahnhof eines Badeortes handelt.

Bergen auf Rügen war von 1883 bis 1889 der Endbahnhof einer von dem Hafen Altefähr herangebauten Nebenbahn. 1890 zweigte hier eine Nebenbahn nach Putbus ab, und 1891 wurde die Stammstrecke in der geschilderten Weise bis Crampaß verlängert. Das Empfangsgebäude in Bergen zeigt neben den Merkmalen des üblichen preußischen Landbahnhofes einen kleinen Turm sowie mehrere spätere Anbauten aus der Zeit, als hier der große Berliner Ferienverkehr abgewickelt werden mußte. Ansicht um das Jahr 1910.

Die preußische Bahnstrecke von Barth nach Prerow auf der Halbinsel Darß, die von der Bahnlinie Stralsund—Rostock abzweigt, wurde am 1. Dezember 1910 ihrer Bestimmung übergeben. Das Bahnhofsgebäude mit seinen rundlichen Jugendstilformen über dem Wartesaal und der eher kantigen Ausführung des Güterschuppens ist typisch für die letzten Bauvorhaben der Staatsbahn in ländlichen Gegenden. Die Ansichtskarte ist sogleich nach der Eröffnung hergestellt worden, und am Weg stehen frisch eingepflanzte Bäumchen.

Die mecklenburgische Bahnstrecke von Rostock über Saßnitz und Sülze nach Tribsees ist 1895 von der Friedrich-Franz-Eisenbahn gebaut und eröffnet worden, zugleich dieser kleine Bahnhof mit dem Wasserturm an der eingleisigen Bahn. Der hoch aufgeschüttete Damm macht noch einmal deutlich, daß der Ort im Moor liegt. Die Ansichtskarte ist etwa 1910 verkauft worden; ein kleiner Zug läuft gerade ein. Die Strecke besteht heute nicht mehr.

Der Bahnhof Graal-Müritz zur Bedienung des Ostseebades Müritz ist Endpunkt einer Stichbahn von Rövershagen an der Strecke von Stralsund nach Rostock. Es handelte sich dabei um die 10 km lange, im Juli 1925 eröffnete Mecklenburgische Bäderbahn AG, der auch das wenig auffällige Empfangsgebäude im kleinstädtisch-handwerklichen Stil der ersten Zeit nach dem Ende des Kaiserreiches gehörte. Der Bau ist architekturgeschichtlich nicht ohne Bedeutung, weil die Staatsbahn in dieser Zeit nur wenige nennenswerte Bauten kleinerer Bahnhöfe ausgeführt hat.

Der Bahnhof Bützow in Mecklenburg ist in einer Ansichtskarte aus dem Jahre 1900 abgebildet. Einen ersten Bahnhof hatte der Ort mit der Strecke Kleinen — Rostock 1850 erhalten, von der im gleichen Jahr noch ein Arm nach Güstrow (1864 bis Neubrandenburg verlängert) abgezweigt worden ist. Diesen ersten Bahnhof hat man 1879 durch den hier gezeigten Bau ersetzt, an dem besonders der Scheingiebel über dem Quergebäude im Stil der Neurenaissance zu erwähnen ist. Schön sind auch die Bahnsteiglaternen anzusehen. Bauherr war die Mecklenburgische Friedrich-Franz-Eisenbahn.

Der Bahnhof Doberan in Mecklenburg wurde 1883 von der Wismar-Rostocker Eisenbahn in einem dem Klassizismus eng verhafteten, damals schon ungebräuchlichen Stil erbaut. Vor einem der beiden Eckbauten ist eine Tempelfront mit Säulen zu sehen. 1886 ist von Doberan die Schmalspurbahn nach Heiligendamm (und 1911 bis Arendsee) eröffnet worden, deren Zug hinten links auf Fahrgäste wartet. Diese Karte ist 1919 abgesandt worden.

Der Bahnhof Brunshaupten liegt an der vorstehend genannten Schmalspurbahn von Bad Doberan nach Arendsee; er ist mit der Streckenverlängerung 1911 durch die Friedrich-Franz-Bahn gebaut worden. Auf dieser Strecke wurde nur in der Badesaison gefahren. Die Ansichtskarte mit dem Zug (900 mm Spurweite) links ist kaum jünger als der Bahnhof selbst. 1938 hat man Brunshaupten und Arendsee zu dem Ort Kühlungsborn zusammengefaßt und diese Station als Kühlungsborn Ost bezeichnet.

In der fürstlichen Residenzstadt Schwerin wurde die erste Bahn von Hagenow im Jahre 1847 durch die Mecklenburgische Eisenbahn herangeführt; nördlich bis Kleinen und Wismar 1848 verlängert. Ein erster romantischer Bahnhof entstand, der 1888 im Zusammenhang mit dem Streckenneubau nach Crivitz dem abgebildeten Bauwerk nach Entwurf des Baumeisters Möller weichen mußte. Die Stilzitate aus Barock und Renaissance sind wieder zeittypisch. Manfred Berger vermutet, daß der Bahnhof Cambrai und andere belgisch-französische Stationsgebäude als Vorbilder herangezogen worden sind. Das Gebäude ist heute, von dem Umbau der Bahnsteige 1926 und dem Verlust einiger Turmspitzen und Figuren abgesehen, noch unverändert vorhanden. Postkarte aus der Zeit um 1912.

Der erste Bahnhof in Wismar, mit der Strecke von Schwerin 1848 eröffnet, war vorübergehend der Wagenschuppen. 1857 wurde ein klassizistisches Gebäude mit romantischen Details errichtet, das — mehrfach erweitert — noch heute in wesentlichen Teilen vorhanden ist. 1883 traf in der Seestadt auch die Rostock-Wismarer Eisenbahn ein. Bei dem hier in einer 1915 als Feldpostkarte verwendeten Ansicht gezeigten Bauwerk aus der Zeit nach der Jahrhundertwende dürfte es sich um einen Erweiterungsbau handeln.

Die Parchim-Ludwigsluster Eisenbahn nahm ihre Strecke 1880 in Betrieb, und 1885 wurde die Linie von Parchim über Karow und Waren nach Neubrandenburg durch die Mecklenburgische Südbahn verlängert. In dieser Zeit ist der einfache Klinkerbau des Bahnhofes Parchim entstanden, dessen Straßenseite die Karte von 1904 wiedergibt. 1899 hatte auch die Friedrich-Franz-Bahn in die Station noch ihre Strecke von Crivitz eingeführt. Die Strecke Ludwigslust – Neubrandenburg war zunächst von Bachstein betrieben und 1894 verstaatlicht worden.

Die Prignitzer Eisenbahn von Perleberg nach Wittstock, an der der Bahnhof Pritzwalk gelegen ist, hat im Mai 1885 ihren Betrieb aufgenommen. 1895 wurde die Strecke bis Mirow verlängert, wo sie Anschluß an die schon 1890 erbaute Mecklenburgische Friedrich-Wilhelm-Eisenbahn aus Neustrelitz fand. Dieses recht große Empfangsgebäude auf einem Bahnhof, über den auch noch die Bahn von Neustadt an der Dosse nach Karow in Mecklenburg geführt wurde, zeigt für die achtziger Jahre des vorigen Jahrhunderts ungewohnt schlichte – und sparsame – Formen. Ansicht etwa 1905.

Der Bahnhof von Wittenberge an der Rennstrecke der Berlin-Hamburger Eisenbahn, 1846 nach Plänen aus dem Baubüro von Friedrich Neuhaus ausgeführt, ist heute noch vorhanden und bildet ein wertvolles Denkmal des klassizistischen Baustils. Neuhaus ist bekannt als Architekt des Hamburger Bahnhofes in Berlin, der in späteren Jahren zum Verkehrs- und Baumuseum geworden ist. Ursprünglich besaß Wittenberge ein dreiteiliges Gebäude mit betonten Seitenflügeln, von denen hier der südliche zu erkennen ist; später durch Anbauten im gleichen Stil erweitert. Karte um 1936.

Zwischen Spandau und Nauen an der Berlin-Hamburger Bahn bestand einmal der Bahnhof Seegefeld, später war dort die Station Falkensee. Auch dieses bescheidene Empfangsgebäude, das erst einige Jahre nach der Eröffnung der Strecke 1846 ausgeführt worden ist, kann seine Herkunft aus dem einst von Neuhaus geleiteten Büro nicht verleugnen. Obwohl die Verteilung der Baumassen typischer preußischer Eisenbahnarchitektur entspricht, sind durch die Einfassungen der Fenster, die Simse auf der hellen Wand und andere Details – die eine entfernte Verwandtschaft auch mit Bahnhof Karstädt erkennen lassen – späte Spuren des Klassizismus sichtbar. Die Karte datiert von 1910.

SPANDAU. BAHNHOF

Klassizistisch und aus dem Baubüro von Neuhaus bei der Berlin-Hamburger Bahn stammend ist auch der Hauptbahnhof von Spandau bei Berlin. Der Drucker hat bei der Darstellung der Straßenbahnen im Vordergrund tüchtig nachgeholfen, aber die Abbildung des Bahnhofes in dem Zustand um 1898, bevor die Bahngleise angehoben wurden, ist nicht zu beanstanden. Rundbogenfenster und Gesimse in der beim Bahnhof Spandau zu beobachtenden Art zeigt zum Beispiel auch der Bau in Hagenow Land, ebenfalls 1846 eröffnet.

Gruss aus Berlin Lehrter Bahnhof

Die Reise über die Berlin-Hamburger Bahn in alten Ansichtskarten endet nicht, wie eigentlich zu erwarten, in Berlin auf dem von Neuhaus entworfenen Hamburger Bahnhof, denn dieser war nach Eröffnung der Berliner Stadtbahn 1884 stillgelegt worden. 1906 wurde darin das Verkehrsmuseum eingerichtet. Die Züge von Hamburg wurden dagegen nach einer Übergangszeit in den Lehrter Bahnhof geleitet, der 1869 – 1871 nach Entwürfen von Lent, Scholz und Lapierre für die Magdeburg-Halberstädter Eisenbahn und deren Strecke in Richtung Hannover erbaut worden war. Die Fassade, in hell verputztem Ziegel gehalten, verdeckt noch die Hallenform zugunsten eines eigenständigen Portals. Architekturgeschichtlich eine französisch inspirierte Neurenaissance, betrieblich eher als zwei getrennte Seitenbahnhöfe (für Abfahrt und Ankunft) hinter einer Stirnfront anzusehen, wie man es nur auf Endbahnhöfen findet. Die Karte mit Blick über die Spree ist etwa 1905 entstanden.

Dreizehntes Kapitel:

Von Berlin in den Harz

Berlin Potsdamer Bahnhof — Brandenburg — Magdeburg Halberstadt — Thale — Rübeland — Schierke

Der nächste Ausflug von Berlin richtet sich nach dem Westen und Südwesten, durch die Provinz Brandenburg in den nördlichen Harz und bis an die Grenze Braunschweigs. Die Ansichtskarten, zumeist wieder aus den Jahren 1898 bis 1914, verkörpern damit die Stationen einer klassischen Harzreise des Berliner Bürgertums, wie sie Theodor Fontane in seinen Erzählungen und Romanen mehr als einmal beschrieben hat: vom Potsdamer Bahnhof über Magdeburg nach Thale, dazu die später eingerichteten Erschließungsbahnen durch das Gebirge mit ihren Wetterschutzbauten im Regionalstil. Bemerkenswert die Unterschiede zwischen dem Prunk der Großstadtbahnhöfe und der sparsamen Alltäglichkeit vieler Dorfstationen, die erst in den Fremdenverkehrsgebieten wieder etwas mehr Ausdruck erhalten haben. Wer manche der hier abgebildeten Karten betrachtet, kann sich leichter vorstellen, wie etwa die achthunderttausend Ansichtskarten ausgesehen haben, die allein im Sommer 1899 vom Brocken im Harz abgesandt worden sind: In jenem Jahre hatte auch endlich die Brockenbahn den Berggipfel erreicht.

Auf dem ersten Potsdamer Bahnhof in Berlin nahm 1838 die preußische Eisenbahngeschichte ihren Anfang. Der kleine Bau aus der Frühzeit stand schon um 1858 zum Ersatz an, doch erst 1868 – 1872 wurde dann der hier im Hintergrund einer Karte aus dem Jahre 1934 abgebildete Bau errichtet. Weise, Doebner und Sillich waren die Architekten des im damals üblichen Neurenaissancestil gehaltenen Neubaues, der um die Jahrhundertwende durch zwei Seitentrakte (Vorortbahnhof links und Wannseebahnhof rechts) erweitert werden mußte. Das Bauwerk am verkehrsreichen Potsdamer Platz steht in der Nachbarschaft des Hotels Fürstenhof und des Pschorr-Hauses; links verdeckt auch das „Kaffee Vaterland". Der Bahnhof wurde im Kriege schwer beschädigt und hernach abgerissen.

Entlang der Potsdamer Bahn werden hier zwei Bahnhöfe gezeigt, die noch innerhalb des Weichbildes von Berlin standen. Zunächst hatte es auf der Strecke einen eigenen Vorortverkehr nicht gegeben, sondern alle Züge hatten sämtliche Stationen bedient. Eine nachhaltige Änderung erfuhr diese Praxis 1874 mit dem Bau der Wannseebahn von Zehlendorf an der Potsdamer Bahn nach Wannsee an der sogenannten Wetzlarer Bahn (Stadtbahnverlängerung) bis Neubabelsberg. Damals wurden auch die Zwischenstationen an der Stammstrecke mit neuen Gebäuden versehen. Dieser ländlich anmutende Bahnhof hieß später Lichterfelde West, da es an der Anhalter Bahn eine weitere Station für Lichterfelde (später: Süd) gab. Die Ansicht mit dem Pferdebus ist 1899 vervielfältigt worden.

Auch Berlin-Steglitz an der Potsdamer Bahn hat 1874 einen neuen, recht geräumigen Bahnhof erhalten. Die Formen der Dächer und der Fenster zeigen das gleiche Bild wie in Lichterfelde; zugleich Ausdruck des sparsamen Bauens gegenüber dem Potsdamer Fernbahnhof. Diese etwas dunkle Ansichtskarte ist 1926 befördert worden. Sie zeigt den Zustand der Gleisanlagen nach Trennung von Fernverkehr und Vorortverkehr; für letzteren wurde der breite, überdachte Bahnsteig eingerichtet. Ende der sechziger Jahre wurde der Bau abgerissen, weil eine Stadtautobahn den Platz beanspruchte.

Wir folgen nun nicht starr der Potsdamer und der Magdeburger Bahn, sondern schweifen ab zu anderen Strecken im Südwesten Berlins. Caputh-Geltow liegt südlich des Bahnhofes Wildpark bei Potsdam, eröffnet mit der Strecke nach Beelitz (Stadt) am 1. Oktober 1908. Auf dieser Ansichtskarte aus dem gleichen Jahr steht das Empfangsgebäude nagelneu am Ufer der Havel, ein schönes Beispiel für die Backsteingotik vieler Industrie- und Gewerbebauten in Preußen um die Jahrhundertwende.

Der Landbahnhof Götz in der Mark zwischen Potsdam und Brandenburg an der 1846 eröffneten Strecke ist erst kurze Zeit vor dem Ersten Weltkrieg eingerichtet worden, um auch diesen Bezirk unweit der Havel für den Ausflugsverkehr besser zu erschließen. Man gab ihm ein schlichtes, aber nicht häßliches Stationsgebäude in teilweise verputztem Ziegelmauerwerk, im Wohnungsbereich mit Fachwerk. Die Ansichtskarte mit weiteren Sehenswürdigkeiten ist 1918 verkauft worden.

In den Jahren 1846 — 1848 wurde die Berlin-Potsdam-Magdeburger Eisenbahn auf voller Länge fertiggestellt. Der Staatsbahnhof von Brandenburg an der Havel (der im Gegensatz zu den Stationen Altstadt und Neustadt der Brandenburgischen Städtebahn so bezeichnet wurde) ist hier von der Straßenseite in einer 1917 gestempelten Postkarte zu sehen. Das romantisch verspielte Bauwerk dürfte kurz nach Eröffnung der Bahnlinie erstellt worden sein; es zeigt gewisse Ähnlichkeit mit dem alten Bahnhof Potsdam.

Oben wurde bereits von der Brandenburgischen Städtebahn gesprochen. 1903 nahm sie zwischen Treuenbrietzen, Belzig, Brandenburg, Rathenow, Rhinow und Neustadt an der Dosse den Verkehr auf. Das hier gezeigte Bahnhofsgebäude ist wohl bereits älter, denn seit 1879 war Belzig auch Station an der staatlichen „Wetzlarer Bahn" von Berlin nach Blankenheim.

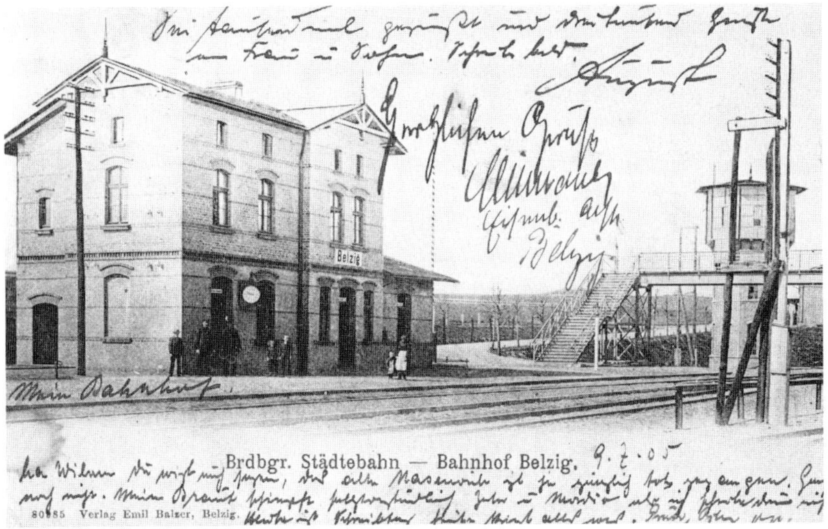

Der Bahnhof von Wilhelmshorst in der Mark ist von einer „Terraingesellschaft" an der Vorortstrecke von Wannsee nach Beelitz-Heilstätten unweit von Michendorf und Seddin (Wetzlarer Bahn) zwischen 1910 und 1914 auf ihre Kosten errichtet worden, um das dort erschlossene Villen- und Eigenheimgebiet mit einer guten Verkehrsverbindung nach Berlin auszustatten. Die großen Hallenbögen mit ihren Bruchsteinpfeilern geben dem Bau eigenes Gepräge. Man sieht, wie der Kaiserstil der Bahnhöfe Metz, Krefeld oder Gelsenkirchen bis zur kleinsten Station noch Wirkungen hatte.

Zwischen Belzig und Güterglück an der „Wetzlarer Bahn" liegt auch der 1879 eröffnete Bahnhof von Lindau in Anhalt. Die feine Lichtdruckkarte aus dem Jahre 1910 läßt sehr gut die für die frühen preußischen Staatsbahnbauten typische Sparsamkeit und Einheitlichkeit erkennen. Bedienstete und Verwandte des Bahnhofvorstehers stehen hier Modell.

Diese Bildpostkarte aus der Zeit um 1910 zeigt den Bahnhof in Burg bei Magdeburg. Der Ort liegt an der von Brandenburg im Jahre 1846 herangebauten Berlin-Potsdam-Magdeburger Eisenbahn. Auch dieses Gebäude hat mehrfach Erweiterungen erfahren: Der Baukörper in der Mitte und rechts ist älter, während links der hohe Bau wohl aus der Zeit der Jahrhundertwende stammt.

Nun ist die Elbe überschritten und der Raum um Magdeburg erreicht. Schönebeck an der Elbe wurde bereits 1839 vom ersten Zug der Magdeburger-Leipziger Eisenbahn angefahren; 1857 kam die Strecke von Schönebeck nach Staßfurt und Lödderburg hinzu, später noch eine Linie von Blumenberg bei Oschersleben. Mit jeder dieser Verkehrsausweitungen ist auch das Empfangsgebäude von Schönebeck umgestaltet und vergrößert worden, so daß es sich in dieser Ansicht aus dem Jahre 1904 recht vielgliedrig zeigt.

Magdeburg an der Elbe hat bis 1873 noch zwei Bahnhöfe besessen. 1839 wurde eine Station für Züge nach Leipzig gebaut, 1849 eine weitere für Züge nach Wittenberge und Hamburg. Die Berliner Züge endeten von 1846 bis 1848 noch auf der östlichen Elbseite, ehe sie in den Bahnhof der Magdeburg-Leipziger Bahn eingeführt werden konnten. Diese Anlagen genügten um 1870 nicht mehr, als mehrere miteinander in Wettbewerb stehende Gesellschaften rasche Verbindungen zwischen Berlin und dem westlichen Deutschland anbieten wollten. Ein moderner Zentralbahnhof, auf dem sich zwei Privatbahnen im Linienbetrieb berühren konnten, wurde deshalb erbaut. Die lithographische Karte von 1898 zeigt das neue Inselgebäude der Berlin-Potsdam-Magdeburger Bahn, fertiggestellt im August 1874.

Auf der vorstehenden Karte hat man sich unter der linken Halle die Gleise der Potsdam-Magdeburger Bahn und rechts die Schienen der Magdeburg-Halberstädter und Magdeburg-Leipziger Bahnen vorzustellen. Die Halberstädter erbaute bis 1882 den hier auf einer Postkarte von 1913 gezeigten seitlichen Bahnhof östlich der Gleise. Beide Bauten schuf der Architekt Otto Peters im Stil der italienischen Hochrenaissance, wobei das Inselgebäude noch mehr barocke Einflüsse spüren läßt. Die Hallen und der Bau zwischen ihnen sind im Krieg verlorengegangen, während der Seitenbau mit seiner Sandsteinfassade wiederhergestellt werden konnte.

Der Bahnhof Brunnenbachsmühle, im eigenen Stil des Harzes mit dem Erdgeschoß in lokalem Stein und dem holzverkleideten Oberstock ausgeführt, liegt an der 1899 eröffneten Südharzbahn von Walkenried nach Braunlage und Wurmberg. Hier in Brunnenbachsmühle zweigte die Seitenlinie nach Sorge (Anschluß Harzquerbahn) und Tanne (Anschluß Halberstadt-Blankenburger Bahn) ab. Der Abschnitt Sorge – Tanne ist nach dem Krieg in der DDR dem Güterverkehr der Harzquerbahn zugeordnet worden, während die Strecke Walkenried – Braunlage in der Bundesrepublik 1963 eingestellt wurde. Die Karte ist 1913 angefertigt.

Ein weiterer romantischer Bahnhof mit Bögen und Türmchen stand in Halberstadt. Ihn hat die Magdeburg-Halberstädter Eisenbahn erbaut, die 1843 hier eintraf, 1862 über Quedlinburg nach Thale verlängerte und 1869 die Verbindung westwärts bis Vienenburg schuf. Im Jahre 1873 ging ferner die Halberstadt-Blankenburger Eisenbahn von dem Gemeinschaftsbahnhof Halberstadt aus. Diese Ansichtskarte dürfte kurz vor dem Ersten Weltkrieg hergestellt worden sein, ist aber erst 1928 von einem wandernden Schneidergesellen an seinen Meister in Neumünster verschickt worden.

Über die Eisenbahnstrecke Quedlinburg – Frose wurde auch Gernrode am Harz 1868 mit dem Netz der Magdeburg-Halberstädter Eisenbahn verbunden. Der geräumige Bahnhof, abgebildet in einer 1906 benutzten Postkarte, war ab 1887 auch Ausgangspunkt der meterspurigen Nebenbahn Gernrode – Harzgerode durch das Selketal. In die Abbildung des Empfangsgebäudes von außen hat der Hoffotograf Bernhard aus Ballenstedt noch die Einrichtung des Bahnhofsrestaurants Gernrode eingesetzt.

Es folgt ein Stationsgebäude der Gernrode-Harzgeroder Eisenbahn, und zwar das auf dem 1891/92 gebauten Verlängerungsabschnitt nach Hasselfelde liegende Bauwerk von Stiege im Harz. Heute führt diese sogenannte Selketalbahn nur noch bis Straßberg, und Stiege ist nach der Demontage der Gleise 1945 an die Schienen der Harzquerbahn von Eisfelder Talmühle her angeschlossen, über welche diese beiden Bahnen seit 1905 verbunden waren. Das Bauwerk, hier in einer Karte des Bahnhofswirtes von 1935, ist noch unverändert vorhanden; man plant inzwischen die Wiederherstellung der Strecke zur Gernroder Bahn.

Der Bahnhof von Thale im Harz, bereits bei Fontane wiederholt erwähnt, ist Endstation der 30 km langen Strecke Halberstadt – Quedlinburg – Thale der Halberstadt-Magdeburger Eisenbahn; 1862 erbaut. Die Station der Sommerfrische am Eingang zum Bodetal mit der Roßtrappe ist in einem leichten Fachwerkstil gehalten, wie er seinerzeit auch bei den Ausflugslokalen oder bei den nur kurzlebigen Bauten zu Ausstellungen und Sängerfesten errichtet worden ist. Diese Ansichtskarte datiert von 1905.

Dreiannen-Hohne im Harz wird von der Halberstadt-Blankenburger Bahn und von der Brockenbahn berührt. Letztere hatte dort zuerst ihre 1899 eröffnete kleine Station der Schmalspurbahn, während erstere ihre regelspurige Anschlußstrecke von Elbingerode nach Dreiannen-Hohne mit dem hier abgebildeten neuen Bahnhof im Mai 1907 dem Betrieb übergab. Das Gebäude trägt noch kein Schild, und die Arbeiter verteilen noch den Schotter, so daß der Schluß naheliegt, ein findiger Kaufmann habe die Karte im voraus produziert. Der Bahnhof der Schmalspurbahn ist links am Bildrand zu erkennen.

Nach ihrer namengebenden Regelspurstrecke von 1873 baute die Halberstadt-Blankenburger Eisenbahn 1885 — 1886 eine Steilstrecke mit Zahnstange System Abt von Blankenburg über Rübeland und Elbingerode nach Tanne im Harz. Dieses kleine Bild auf einer Ansichtskarte von 1899 zeigt den erst ein Dutzend Jahre alten Bahnhof Rübeland, ebenfalls im Harzer Regionalstil mit teilweise verbrettertem Fachwerk erbaut. Er wurde 1931 beim Streckenumbau durch den Bahnhof „Tropfsteinhöhlen" ersetzt und dem Güterverkehr zugeschlagen.

Der Bahnhof Tanne im Harz war Endstation der Steilstrecke der Halberstadt-Blankenburger Eisenbahnen von 1886. Diese um das Jahr 1910 entstandene Bildpostkarte zeigt wieder einen kleinen Harzbahnhof. Dazu im Vordergrund noch Gleise der Südharz-Eisenbahn nach Braunlage; diese Bachstein-Bahn hatte in Sorge Berührung mit der Harzquer- und Brockenbahn und traf in Walkenried auf die Staatsbahn.

Die nächsten drei Abbildungen beschäftigen sich nun mit der zwischen 1897 und 1899 eröffneten Harzquer- und Brockenbahn, von der recht viele Ansichtskarten zu haben sind: Die Bahnhofswirtschaften und Andenkenhändler im Ausflugsgebiet sorgten dafür. Der Haltepunkt Goetheweg bei Schierke im Harz, nur eine kurze Strecke vom Brocken selbst entfernt, hat ein leichtes Fachwerkhaus im Wald für Wanderer, die den Rest des Anstieges zu Fuß bewältigen wollen. Zugverkehr nur im Sommer. 1961 wurde der Betrieb von Schierke zum Brocken eingestellt, damit auch die Station geschlossen. Diese Karte ist 1908 gedruckt.

In stark vereinheitlichter Bauweise errichtete man ab 1897 die Wartehallen und Bahnhöfe der Harzquer- und Brockenbahn. Dieser Haltepunkt „Steinerne Renne" im malerischen Tal gleichen Namens bei Wernigerode wurde im Juni 1898 eröffnet, die Karte bald darauf gedruckt. Schon 1905 mußte man die Größe des Gehäuses verdoppeln, und eine Granitsägerei baute ihre Werkstatt rechts an der Straße auf. Beachtlich auch das dortige Abortgebäude.

Ein weiteres hölzernes Häuschen der Harzquerbahn wurde 1898 am Bahnhof Netzkater in der Nähe von Nordhausen errichtet. Das Bild des kleinen Pavillons ist 1905 abgestempelt worden. Eine Fahrt von Nordhausen zum Brocken dauerte damals dreieinhalb Stunden und kostete in der 3. Wagenklasse immerhin 4,30 Mark, also oft mehr als das Bett für die Nacht.

Vierzehntes Kapitel:

Durch die Thüringischen Staaten

Gotha — Erfurt — Arnstadt — Nordhausen
Stolberg — Ilmenau — Oberhof
Saalfeld — Hildburghausen

Eine ganz lange Geschichte mit erbitterten Kämpfen für und wider eine Eisenbahn durch die einzelnen mitteldeutschen Kleinstaaten bildet die historische Entwicklung des Verkehrswesens in Thüringen. Neben diese politischen Zwänge der Zeit traten die Schwierigkeiten der alten Bahnbauer mit der romantischen Mittelgebirgslandschaft, die eine Reihe von ausgesprochenen Steilstrecken notwendig machte. Den Anschluß an die stark von Preußen beeinflußten Fernbahnen (Thüringische Eisenbahn, Werra-Eisenbahn, Nordhausen-Erfurter Eisenbahn) besorgten zumeist Gesellschaften mit Kapital aus den am Bahnbau interessierten Städten und Fremdenverkehrsgebieten. Aus dieser großen Zahl der Bauherren erklärt sich ein wenig die schillernde Vielfalt der Bahnhofsarchitektur in Thüringen, die zugleich aber auch mit häufigen Schieferverkleidungen regionale Eigenständigkeit zeigt.

Zwei beliebte Zielorte für den Eisenbahnfreund verkörpern die Karten zu Beginn dieses Kapitels mit den Bahnhöfen in Thüringen: Über Rennsteig und Brandleite verlaufen die beiden bedeutendsten Bahnstrecken südlich von Arnstadt durch den Thüringer Wald. Bahnhof Rennsteig, im 1904 fertiggestellten Abschnitt von Ilmenau nach Schleusingen gelegen, ist als Spitzkehre in 747 m über dem Meer gebaut worden. Die Strecke war in ihrem steilsten Abschnitt mit Zahnstange nach System Abt ausgestattet, daher rechts eine preußische Zahnradlokomotive der Gattung T 26. Die Ansichtskarte ist nur kurze Zeit nach Streckeneröffnung entstanden; das Stationsgebäude im lokalen Stil ist heute noch fast unverändert an seinem Platz. 1927 wurde der Zahnradbetrieb aufgegeben.

Der Brandleitetunnel, dessen westliches Portal bei Oberhof links in dieser Karte aus den Jahren um 1907 zu sehen ist, wurde 1883 durchschlagen und 1884 mit dem letzten Streckenabschnitt von Suhl nach Plaue in Betrieb genommen. Für die Station Oberhof mußte damals der Raum aus dem Porphyrgestein gehauen werden; man sieht die beengte Anlage deutlich. Im Jahre 1911 hat man das Empfangsgebäude beträchtlich erweitert und mit einer bedachten Überführung zu den Bahnsteigen versehen, nachdem der Fremdenverkehr stark zugenommen hatte. Der Ort selbst liegt 200 m höher hinter der Bergkuppe.

Der Bahnhof von Immelborn liegt an der Strecke von Eisenach über Salzungen nach Meiningen und Coburg, welche die Werra-Eisenbahn 1858 in Betrieb genommen hat. Dreißig Jahre später wurde von Immelborn die Stichstrecke nach Liebenstein und Schweina gebaut, und einen Bimmelbahnzug dieser Linie erblicken wir in einer Ansichtskarte, die vermutlich um 1920 entstanden ist. Das große Fachwerkgebäude ist wohl zur Zeit des Streckenneubaues errichtet worden.

Im Verlauf der schmalspurigen, 1879 durch die Firma Krauss aus München eröffneten Feldabahn von Salzungen nach Vacha liegt auch Tiefenort. Die Meterspurbahn war jedoch nach etwa zwei Jahrzehnten dem gestiegenen Kali-Verkehr nicht mehr gewachsen; sie wurde daher 1904 an Preußen verkauft und bis Ende 1906 auf Regelspur umgebaut. Damals entstand auch dieser neue Bahnhof von Tiefenort im für die Zeit typischen behäbigen Eisenbahnstil, gefällig aufgeteilt in Ziegelmauerwerk und Fachwerk. Die Ansichtskarte ist 1907 abgestempelt worden.

Gotha erhielt seinen Bahnanschluß 1847 mit der west-östlichen Thüringischen Eisenbahn von Weißenfels nach Eisenach und Gerstungen. Nordwärts nach Leinefelde war die Bahn 1870 fertig, südwärts nach Ohrdruf dann 1876. Der spätklassizistische Bahnhof Gotha und der hier gezeigte steinerne Viadukt (Ansichtskarte um das Jahr 1910) stammen aus der Frühzeit der Thüringischen Bahn. Der Bau wurde um 1900 erweitert; im Krieg zerstört. Zwei Züge stehen abfahrbereit.

In Erfurt, ebenfalls an der 1847 eröffneten Thüringischen Eisenbahn gelegen, hat man statt des ersten Bahnhofes von Mons, der jetzt Direktionsgebäude ist, zwischen 1888 und 1894 eine neue Anlage nach Entwurf von Keil, Erlandsen und Eggert errichtet. Ähnlich wie in Köln, Düsseldorf und Dresden baute man außer dem seitlichen Empfangsgebäude auch auf dem Inselbahnsteig inmitten der Durchgangsgleise von Halle nach Eisenach einen 96 m langen und 21 m breiten Wartesaaltrakt. Er ist auf dieser starkfarbigen Ansicht von 1908, in welche vom Drucker Passanten und ein Automobil montiert sind, im Hintergrund zu erkennen. Vorn der späteklektizistische Rundbogen des Haupteinganges. 1926 erweitert.

Arnstadt ist 1867 von der 10 Kilometer langen Stichbahn der Thüringischen Eisenbahn aus Dietendorf bei Erfurt erreicht worden. Den damals gebauten Hauptbahnhof zeigt die folgende Karte. Der hier abgebildete Südbahnhof liegt hingegen an der 1879 angelegten Strecke in den Plauenschen Grund, ist aber erst nach der Jahrhundertwende eingerichtet worden. Das Empfangsgebäude, wieder im Zeitstil mit Krüppelwalmdach versehen, duckt sich hinter den Bahndamm; die Bahnsteigunterführung ist zusammen mit der Brücke angelegt worden. Ein Zug erwartet die Ausfahrt.

Der Arnstädter Hauptbahnhof, im Jahre 1867 durch die Thüringische Eisenbahn-Gesellschaft in der Residenzstadt des Fürstentums Schwarzburg-Sondershausen als vorläufige Endstation der Bahn über den Thüringer Wald errichtet, trägt die charakteristischen Züge aller damaligen norddeutschen Bahnbauten: Flachdach im Landhausstil, Uhrenturm, Ziegelmauerwerk, dazu die späteren Erweiterungen. Bemerkenswert an dieser erst 1919 entstandenen Ansicht ist auch der massive Wasserturm, dessen Form bis auf den Vorplatz hin wirkt.

Die Eisenbahnen um Nordhausen in Thüringen wurden in den sechziger Jahren des vorigen Jahrhunderts errichtet: Die Halle-Nordhausener Eisenbahn erreichte die Stadt 1866 und baute 1867 bis Arenshausen, 1872 bis Hannoversch Münden weiter. Die Nordhausen-Erfurter Eisenbahn nach Süden wurde 1869 eröffnet. Dieser schlichte Staatsbahnhof, wie er im Gegensatz zur Endstation der Wernigeroder Bahn heißt, ist damals im spätromantischen Stil erbaut worden. Die Ansicht ist kurz vor dem Ersten Weltkrieg entstanden und 1917 gestempelt worden.

Außer dem Bahnhof zeigt diese Ansicht von Wallhausen an der Helme noch die Baracken eines Arbeitsdienstlagers; die Karte ist also am Ende der dreißiger Jahre herausgegeben worden. Wallhausen liegt zwischen Sangerhausen und Nordhausen an der 1866 eröffneten Bahn von Halle, doch handelt es sich bei dem abgebildeten Gebäude mit der Plattenverkleidung wohl um einen Ersatzbau aus der Zeit, da Bahnhof Wallhausen bereits von den Preußischen Staatsbahnen verwaltet worden ist.

Bahnhof Greussen liegt an der schon erwähnten Bahnlinie von Erfurt über Sondershausen und Straußfurth nach Nordhausen, die 1869 in Betrieb genommen wurde. Später zweigte hier auch die von Bachstein betriebene Kleinbahn Greussen – Ebeleben – Keula ab. Der Bahnhof ist ein weiteres Beispiel für die Bauweise der kleineren Empfangsgebäude in den Jahren vor der Reichsgründung von 1871. Diese Bildpostkarte ist etwa 1903 von dem bekannten Dresdner Bahnhofsbuchhändler Bettenhausen verlegt worden, der auf vielen Stationen seine Kioske hatte.

Im Verlauf der Strecke von Halle nach Eisleben, die 1865 gebaut worden ist, steht der Bahnhof von Oberröblingen am See. Das in verputztem Klinkermauerwerk ausgeführte Gebäude mit seinen aus dem Klassizismus entlehnten Gesimsen ist 1884 mit dem Bau der Zweigstrecke nach Querfurt in ähnlichem Stil erweitert worden. Die Ansichtskarte, 1912 versandt, zeigt links das Aborthaus, vor dem Bahnhof eine große Reisegruppe und rechts einen wartenden Personenzug. Die Fassade erinnert auch an die damalige Ausführung der einfacheren Mietshäuser in den Städten.

Von Berga-Kelbra an der Bahnstrecke zwischen Nordhausen und Sangerhausen zweigt die Stichstrecke nach Stolberg im Harz ab. Sie wurde 1890 zunächst nur bis zum Bahnhof Rottleberode, den diese Ansicht aus der Jugendstilzeit um 1908 bringt, gebaut. Die Station hieß daher auch Stolberg-Rottleberode. Das Empfangsgebäude verkörpert deutlich den Stil des preußischen Landbahnhofes in den Ausflugsgebieten, wie er vor der Jahrhundertwende gezeichnet wurde: schmale hohe Räume in Ziegel und Fachwerk unter steilen Dächern.

Stolberg i. Harz - Villenpartie mit Bahnhof

Aus einer ganz anderen Stilepoche kommt der Endbahnhof von Stolberg im Harz. 1923 nahm die Reichsbahn die Streckenverlängerung von Rottleberode bis an die mittelalterliche Stadt Stolberg, die damals zweitausend Einwohner hatte, in Betrieb. Der Bahnhofsbau mit dem allein auffälligen Rundbogenportal verkörpert die bescheidene Bauweise der Nachkriegszeit, die vom Werkbund und vom Heimatstil beeinflußt ist, und die in den folgenden Jahren vorherrschend blieb. Die Ansichtskarte stammt ebenfalls aus den zwanziger Jahren.

Heiligenstadt im Eichsfeld liegt in dem 1867 eröffneten Teilstück von Nordhausen nach Arenshausen der Halle-Kasseler Eisenbahn. Das schlichte, ein wenig klassizistische Empfangsgebäude aus den ersten Jahren der Bahn ist auf dieser zu Sylvester 1903 verschickten Ansichtskarte in winterlicher Umgebung zu sehen. Man erkennt, daß der Bahnhof auch vor dem Bau der Strecke über Fürstenhagen nach Schwebda bereits ausgedehnte Gleisanlagen besaß.

Ilmenau in Thüringen wurde 1879 mit der Eisenbahn von Arnstadt erreicht, doch es sollte bis zum Jahre 1904 dauern, ehe die oben schon genannte Fortführung über Ilmenau Bad nach dem Rennsteig und Schleusingen fertiggestellt werden konnte. Vergleicht man diese Straßenansicht des Bahnhofes Ilmenau Bad mit der Architektur der gleichzeitig erbauten Station Rennsteig, so fallen verwandte Elemente ebenso ins Auge wie die Ausrichtung auf die unterschiedlichen Standorte im Luftkurort (Ilmenau) und in einsamer Höhenlage (Rennsteig) durch die Bahnverwaltung.

Auch der Bahnhof Stützerbach liegt an der Strecke über den Rennsteig: Im August 1904 fuhr der erste planmäßige Zug von Ilmenau in diese Station ein, und ab November 1904 wurde von dort der Betrieb (teilweise mit Zahnstange) bis nach Schleusingen durchgeführt. Die Ansichtskarte ist im Eröffnungssommer 1904 gedruckt und geschrieben worden. Das Empfangsgebäude ist etwas nüchterner ausgeführt als Ilmenau Bad, entspricht aber den Vorstellungen vom Bau an einer Nebenbahn mit Fremdenverkehr. Heute noch in dieser Form vorhanden.

In den Jahren 1899 und 1900 wurde abschnittsweise die Bahn von Rottenbach (an der Strecke Arnstadt – Saalfeld) über Köditzberg und Sitzendorf nach Katzhütte im Thüringer Wald eröffnet. An dieser Strecke durch das Schwarzatal, von welcher auch die Oberweißbacher Bergbahn abzweigt, liegt der Luftkurort Schwarzburg. Diese Ansichtskarte aus den zwanziger Jahren zeigt die für einen Ort von tausend Einwohnern recht aufwendig ausgestattete Station, dahinter das Fürstenschloß aus dem 18. Jahrhundert.

Der erste Bahnhof in Saalfeld, 1871 als romanisierender Backsteinbau mit der Strecke von Gera nach Eichicht erbaut, ist im Jahre 1900 durch das hier abgebildete Bauwerk nach einem Entwurf des preußischen Ministeriums für öffentliche Arbeiten ersetzt worden. Das Konzept in Seitenlage mit Bahnsteigunterführungen ist modern, die architektonische Form mit den gotisch-romantischen Türmchen allerdings im historisierenden Stil der Zeit gehalten. In den zwanziger Jahren umgebaut, im Kriege zerstört und vereinfacht wiederaufgebaut. Links ist das Postamt Saalfeld zu sehen. Ansichtskarte aus der Zeit um 1914.

Der erste Bahnhof im thüringischen Sonneberg nach Plänen von A. Weise wurde 1858 als Endstation der Werra-Eisenbahn von Eisenach und Coburg erbaut. Durch die Verlängerung der Strecken nach Lauscha, Stockheim und Eisfeld über Rauenstein wuchs der Verkehr dort so an, daß 1907 der hier abgebildete Neubau im nachempfundenen Heimatstil aufgeführt wurde. Man hatte den Historismus nun hinter sich gelassen und gestaltete gebrochene Formen ohne Ornamente. Architekturgeschichtlich besonders erwähnenswert sind die in Stahlbeton ausgeführten Bahnsteigdächer mit innerer Entwässerung, die auch für den Eisenbahn-Hochbau eine neue Epoche einleiteten. Die Ansichtskarte ist um das Jahr 1920 herausgekommen.

Es folgen zwei weitere Bahnhofsbauten an der Werra-Eisenbahn zwischen Eisenach und Coburg aus dem Jahre 1858: Eine sehr geräumige Anlage hat Hildburghausen erfahren, wie in dieser Ansicht von 1906 zu erkennen ist. Der ursprüngliche Fachwerkbau ist gegen Witterungseinflüsse mit Schiefer verkleidet worden. Bemerkenswert ist der bei dieser Bahngesellschaft häufiger ausgebildete Erker in der Mitte des Gebäudes, auffällig auch der filigrane eiserne Personensteig.

Vom gleichen Reißbrett wie Bahnhof Hildburghausen stammt auch der Entwurf zum Stationsgebäude in Eisfeld. Wieder finden wir verschiefertes Fachwerk über einem Natursteinsockel, ähnliche Dächer mit Schnitzereien am Stuhl und gleichartige Formgebung der Baudetails. Alle Bauten der Werra-Eisenbahngesellschaft sind übrigens von der Thüringischen Eisenbahn ausgeführt worden, die auch bis 1875 den Betrieb übernahm. Sodann bildete bis zur Verstaatlichung 1895 die Werrabahn eine eigene Verwaltung und Betriebsführung, welche die sparsam ausgeführten Bahngebäude überarbeitete und ausbaute.

Fünfzehntes Kapitel:

Nach Anhalt, der Provinz Sachsen und der Lausitz

Berlin Anhalter Bahnhof — Dessau — Köthen — Halle
Naumburg — Finsterwalde — Cottbus — Görlitz
Berlin Görlitzer Bahnhof

Der Anhalter Bahnhof in Berlin war das Tor der alten Reichshauptstadt nach dem Süden und Südwesten Deutschlands, nach Halle, Leipzig und Dresden, München und Frankfurt am Main. In diesem Kapitel soll sein Postkartenbild eine Rundreise zu den Städten, Dörfern und Bahnstationen im südlichen Brandenburg, im Herzogtum Anhalt und in der (preußischen) Provinz Sachsen einleiten, die schließlich über die Lausitz zum Görlitzer Bahnhof in Berlin zurückführt. Es werden hier also die Empfangsgebäude außerhalb der Grenzen des alten Königreiches Sachsen in Beispielen gezeigt, während die Bauten im Bezirk der Sächsischen Staatsbahn den nächsten beiden Kapiteln vorbehalten sind. Die Abgrenzung des Gebietes in östlicher Richtung bemißt sich danach, welche Orte heute noch in der DDR liegen, um dem Leser den Vergleich mit aktuellen Beobachtungen und die Orientierung zu erleichtern. Leider sind der Anhalter wie der Görlitzer Bahnhof von Berlin in der Folge des Krieges abgerissen worden.

Der Bahnhof, von dem ich abfahre – so steht es auf der Bildseite dieser Ansichtskarte des Anhalter Bahnhofes in Berlin, die 1912 nach Rheinhessen abgeschickt worden ist. Damals stand der monumentale Bau von Franz Schwechten am Askanischen Platz bereits seit mehr als dreißig Jahren; von hier reiste man über Halle und Leipzig nach dem Süden und Südwesten des Reiches. Die einschiffige Halle war 167 m lang, 61 m breit und 34 m hoch; sie überdeckte sieben Gleise. Das am 15. Juni 1880 eröffnete Gebäude ersetzte den ersten Bahnhof der Berlin-Anhaltischen Eisenbahn aus dem Jahre 1841. Bedeutsam ist, wie die technische Form der Hallenbinder nun die Gestaltung der Außenfront bestimmt, während man zuvor solche Einflüsse gern verdeckte. Ziegel, Formsteine, Terrakotten und weißer Sandstein bestimmten die Fassaden. 1943 stark beschädigt, 1952 stillgelegt, 1961 bis auf ein Portikusfragment abgerissen.

Eigentlich an der Dresdner Bahn gelegen, aber durch das frühe Ende dieser Gesellschaft mit Fernzügen aus dem Anhalter Bahnhof und Vorortzügen vom Potsdamer Ringbahnhof bedient wurde die Station von Mariendorf bei Berlin. Dazu kam noch das Gleis der Königlichen Militär-Eisenbahn von Schöneberg nach Zossen, die hier allerdings keinen Halt hatte. Der in einer Karte aus den zwanziger Jahren gezeigte Bahnhofsbau ist mit der Hochlegung der Strecke und Anlage getrennter Vorortgleise (1902) im typischen Eisenbahnstil der Epoche nach dem Ende der Eklektik errichtet.

Mit der Eröffnung der Strecke Dessau – Cöthen begann im Jahre 1840 die Berlin-Anhaltische Eisenbahn ihren Betrieb. Die erste Anlage genügte bereits in den siebziger Jahren des vorigen Jahrhunderts den Anforderungen nicht mehr, und dieser – in einer Ansichtskarte aus dem Jahre 1903 abgebildete – Bahnhof im zurückhaltenden Renaissancestil trat an ihre Stelle. Der Bau verweist stark auf Magdeburg, ist aber nur als Seitengebäude ausgeführt. Nach Kriegszerstörung durch einen Neubau ersetzt.

Anno 1840 eröffneten sowohl die Magdeburg-Leipziger Bahn als auch die Berlin-Anhaltische Bahn ihre Stationen in Cöthen, zwischen denen Wagenübergang bestand. Um 1869 wurden diese Bauten durch neuere ersetzt, statt deren sodann zwischen 1913 und 1917 das gezeigte neubarocke Bauwerk ausgeführt wurde. Wie man aus der Beschriftung auf der Bildseite entnehmen kann, wurde diese Karte 1921 versandt.

Die Strecke Köthen – Bernburg wurde 1846 von der gleichnamigen Eisenbahngesellschaft eröffnet, die 1863 an die Magdeburg-Halberstädter Bahn überging. Daraufhin wurde 1865 die Strecke von Bernburg über Güsten und Frose nach Aschersleben gebaut. Der Bahnhof der Stadt an der Saale, den eine 1917 abgestempelte Postkarte zeigt, ist in einer ähnlich klassizistischen Manier errichtet wie die damaligen Gebäude an der Berlin-Hamburger und der Berlin-Anhaltischen Bahn.

Im Jahre 1863 wurde die Strecke der Anhaltischen Leopoldsbahn zwischen Roßlau und Zerbst in Betrieb genommen, den von Anfang an die Berlin-Anhaltische Eisenbahn führte. 1871 erwarb letztgenannte Bahn die Strecke und baute sie 1874 nach Güterglück an der preußischen Grenze weiter. Der mit seinen Zinnen und gotischen Bögen wie ein englisches Schloß anmutende Bahnhof Zerbst ist ein weiteres Beispiel für die Spätromantik in der Stationsarchitektur. Die Ansicht gibt den Zustand um die Jahrhundertwende wieder.

Güsten wurde 1865 aus den drei Richtungen Bernburg, Aschersleben und Straßfurt von der Magdeburg-Halberstädter Bahn erreicht, hinzu kam 1879 die „Kanonenbahn" von Berlin über Belzig und Güsten nach Blankenheim als Staatsbahnstrecke. Damit entstand ein typischer Kreuzungsbahnhof mit fünf Streckenästen, die weitgehend im Linienbetrieb befahren wurden. Das seitliche Empfangsgebäude ist bald darauf durch den großen Anbau mit einem Dachreiter erweitert worden.

Die von Bitterfeld ausgehenden Strecken der Berlin-Anhaltischen Eisenbahn nach Halle, Wittenberg und Leipzig sind fast gleichzeitig 1859 eröffnet worden. Aus dieser Zeit stammt der spätklassizistische Bahnhofbau mit den betonten Seitenflügeln und dem auffälligen Quaderputz. Diese Bildkarte ist kurz vor dem Ersten Weltkrieg verkauft worden. Seitdem auch die Strecke von Dessau nach Bitterfeld fertiggestellt war, bildete die Station einen Kreuzungsbahnhof im Richtungsbetrieb mit den entsprechenden Hauptgleiskreuzungen.

Die Geschichte des Bahnknotens Halle an der Saale und seiner Stationsgebäude seit 1840 läßt sich auf dem knappen Raum hier nicht leicht darstellen. Sieben Streckenäste nach Kassel, Thüringen, Leipzig, Halberstadt, Magdeburg, Berlin und Falkenberg waren schließlich in das zwischen 1886 und 1890 nach Plänen des Ministeriums für öffentliche Arbeiten (Spielhagen) ausgeführte neue Bauwerk einzuführen. Das im historisierenden Barockstil der Zeit reich verzierte Empfangsgebäude (Länge 105 m, Breite 35 m) war als Inselbau zwischen jeweils zwei Personenbahnsteigen und einem Gepäcksteig auf beiden Seiten untergebracht, die mit Treppen und Tunnels zu erreichen waren. Die Gleise liegen hoch, das Erdgeschoß auf Straßenniveau. Heute sind die Hallen erneuert, das Gebäude ist mit neumodischen Platten verblendet.

An der gemütlichen Halle-Hettstedter Eisenbahn, die im Spätsommer 1896 von dem Bau- und Betriebsunternehmen Lenz & Co in Betrieb genommen worden ist, liegt sechs Kilometer von dem Ausgangspunkt Halle-Klaustor das Statiönchen „Dölauer Heide" in einem beliebten Ausflugsgebiet. Die 1911 abgeschickte Karte zeigt das einfache, sparsam in leicht dekorativem Fachwerk ausgeführte Abfertigungsgebäude im Stil seiner Zeit vor der Jahrhundertwende. Heute ist die Strecke bis Halle-Dölau in den elektrischen S-Bahn-Betrieb einbezogen.

Naumburg an der Saale erhielt seinen ersten, deutlich klassizistischen Bahnhofsbau kurz nach Eröffnung der Strecke Weißenfels – Weimar der Thüringischen Eisenbahn 1846, und ähnlich dem Bau in Weimar wurde auch das hier in einer Ansichtskarte von 1906 abgebildete Empfangsgebäude von Naumburg in seinen Details ausgeführt. Der Baumeister August Mons als leitender Ingenieur der Bahn hat sie in einem an die italienische Renaissance angelehnten Stil entworfen.

Merseburg liegt an dem zuerst eröffneten Abschnitt der Thüringischen Eisenbahn zwischen Halle und Weißenfels aus dem Jahre 1846. Auch an diesem Bauwerk, welches in einer Kupfertiefdruckkarte aus den frühen zwanziger Jahren wiedergegeben ist, ist die italienisch-klassizistische Handschrift von Mons leicht auszumachen. Wieder erkennen wir die stark betonten Putzquader, die typischen Fensterbögen und Giebel, hier jedoch ergänzt um einen auffälligen Glockenturm.

Ende 1899 wurde diese schon etwas verblichene lithographische Karte auf dem Bahnhof von Corbetha in Sachsen expediert. Auf dieser Station, später Großkorbetha, zweigte von der Thüringischen Eisenbahn Halle – Weißenfels (1846) ein Jahrzehnt später die Strecke über Barneck und Möckern nach Leipzig, erbaut von der gleichen Gesellschaft, ab. Das Bahnhofsgebäude erhielt damit seine Insellage; es wird auf der Ansichtskarte daher von beiden Seiten gezeigt. 1897 wurde übrigens auch die Strecke von Corbetha nach Deuben in Betrieb genommen, doch hatte dies auf das Bild des Gebäudes zunächst keinen Einfluß.

Zwischen Großkorbetha und Leipzig an der eben erwähnten Strecke aus dem Jahre 1856 liegt der Bahnhof des Solbades Dürrenberg an der Saale. An der Ausführung dieses Bauwerkes läßt sich gut erkennen, welche Entwicklung – besonders in Richtung auf eine sparsamere Fassadengestaltung – die Bahnhofsarchitektur in den Jahren seit 1846 bei der Thüringischen Eisenbahn genommen hat.

Die Strecke von Uckro nach Falkenberg ist erst 1898 von der Niederlausitzer Eisenbahn in Betrieb genommen worden; damit wurde in Herzberg an der Elster dieser „Stadtbahnhof" eröffnet, während zuvor schon an der Strecke Jüterbog – Röderau seit 1848 ein Bahnhof Herzberg (West) der Berlin-Anhaltischen Eisenbahn bestanden hatte. Der Stadtbahnhof, in dem eigentlich damals schon überholten Stil des „Schweizer Hauses" entworfen und verziert, gefällt aber durch seine strenge Gliederung und das schmückende Muster im Ziegelmauerwerk.

Abermals ein typischer Bau im „preußischen Eisenbahnstil" ist das Empfangsgebäude von Finsterwalde an der Halle-Sorau-Gubener Eisenbahn, 1871 eröffnet. Nicht nur das Bahnhofsgebäude selbst, sondern ebenso die niedrigen Bahnsteige mit den Dienstleuten sowie die Lokomotiven vor dem Zug und am Schuppen tragen zu einem Bild bei, wie es sich dutzendfach dem Fernreisenden im durchfahrenden Schnellzug auf norddeutschen Bahnen geboten hat. 1887 wurde auch die Privatbahn von Finsterwalde nach Zschipkau eröffnet. Die Ansichtskarte ist um das Jahr 1902 entstanden.

Cottbus im Süden des Spreewaldes ist ein Eisenbahnknotenpunkt erster Ordnung, an dem sich früh die Berlin-Görlitzer Eisenbahn (1866/67) aus dem Strousberg-Imperium und die Halle-Sorau-Gubener Bahn mit den Zweigen nach Finsterwalde, Guben und Forst in der Lausitz (1871/72) trafen. Die Bahnen waren im Linienbetrieb (man kann auch sagen: Inselbahnhof mit Keilbetrieb) getrennt geführt. Die Postkarte, 1913 gestempelt, zeigt die Hauptgleise von Halle nach Breslau, während man sich links am Bahnsteig die Gleise von Lübbenau nach Weißwasser zu denken hat. 1978 durch einen Neubau ersetzt.

Der Bahnhof Straßgräbchen-Bernsdorf liegt im Verlauf der Bahn von Senftenberg nach Kamenz und Radeberg an der Landesgrenze zwischen der Provinz Schlesien und dem Königreich Sachsen, wurde also 1874 von der Berlin-Görlitzer Eisenbahn angelegt. Die Lage an der Grenze brachte es mit sich, daß eine weitere sächsische Strecke von Klotzsche bei Dresden zunächst bis Königsbrück 1884 nur schmalspurig gebaut wurde, ehe man sie 1896 auf Regelspur umstellte und 1899 bis Schwepnitz verlängerte. Der letzte Abschnitt dieser Strecke von Schwepnitz bis Straßgräbchen ist erst 1934 zustandegekommen, und damals hat man auch das in einer Karte von 1935 gezeigte Empfangsgebäude, überaus sachlich gezeichnet, errichtet.

Triebel ist ein kleiner Bahnhof an der 1897/1898 eröffneten Strecke Muskau – Teuplitz – Sommerfeld, welche die Localbahn-AG aus München in diesem äußersten Südosten der Provinz Brandenburg, angrenzend an Schlesien, ausgeführt hat. Bis 1906 war der Betrieb auf die eigene Lausitzer Eisenbahn übergegangen, die auch die Strecke Hansdorf – Priebus befuhr. Ähnlich dem oben gezeigten Bahnhof Herzberg Stadt hat man auch hier seitens der Privatbahn eine seit Jahrzehnten bewährte, mit geringen Baukosten behaftete Zeichnung aufgestellt, zu der das einige Jahre darauf errichtete Bahnhofshotel im Hintergrund mit seinen verspielten Neubarockformen in reizvollem Kontrast steht. Die Ansichtskarte dürfte um 1910 erschienen sein.

Mit dem Bahnhof Weißwasser ist bereits schlesisches Gebiet erreicht. Der Ort wurde 1867 von der Berlin-Görlitzer Eisenbahn aus Richtung Cottbus erreicht und erhielt damals das in dieser bunten Lithographie-Karte von 1899 dargestellte Empfangsgebäude im klassizistischen Stil. Schon 1872 wurde ein Abzweig nach Muskau eröffnet, dessen Verlängerung über Teuplitz nach Sommerfeld durch die Localbahn-AG (später Lausitzer Eisenbahn) allerdings bis 1897/1898 auf sich warten ließ. 1891 hatte Preußen bereits die Bahn von Weißwasser nach Forst erbaut, so daß der kleine Bahnhof die Hauptbahn und zwei stumpf an den Stirnseiten endende Nebenstrecken zu bedienen hatte.

Mit der Bahnpost Berlin – Görlitz ist im Jahre 1912 diese Ansichtskarte aus Horka in der Oberlausitz befördert worden, auf welcher das Empfangsgebäude nur als eines von vielen nennenswerten Bauwerken des Ortes gezeigt wird. Das überrascht etwas, denn in der als Turmbahnhof an den kreuzenden Strecken von Weißwasser nach Görlitz (1867, unten) und der Oberlausitzer Eisenbahn von Kohlfurt über Hoyerswerda nach Falkenberg (1874, oben) angelegten Station herrschte eigentlich genug Leben und Aufenthalt, um auch den Druck einer speziellen Bahnhofspostkarte möglich erscheinen zu lassen. Man erkennt übrigens, wie sehr sich dort der Stil der Bahnen vom Regionalstil abgehoben hat.

Görlitz in der preußischen Oberlausitz wurde 1846 von der Niederschlesisch-Märkischen Bahn aus Kohlfurt (an der Strecke Berlin – Breslau) und 1847 von der Schlesisch-Sächsischen Bahn aus Reichenbach angefahren. Der damals entstandene romantische Bau im Burgenstil mit zwei ausgeprägten Türmen nahm 1867 auch die Strecke der Berlin-Görlitzer Bahn auf; damals und 1890 umgebaut. Etwa 1910 begann aber der Abbruch der alten Anlage, und an ihre Stelle trat ab 1917 der hier in einer Postkarte von 1935 präsentierte neue Görlitzer Hauptbahnhof, der in der Übergangsphase vom Historismus zur Neuen Sachlichkeit steht. Dazu kamen drei flußeiserne Hallen von je 20 m Breite und 10 m Höhe mit Stützen auf den Gepäckbahnsteigen. Dieser Bahnhof erfüllt heute noch seinen Zweck.

Ebenfalls aus den dreißiger Jahren stammt diese Karte vom Bahnhof Schöneweide bei Berlin. Sie zeigt nicht das tiefliegende Empfangsgebäude, sondern die nach dem Vorbild der Berliner Wannseebahn für alle übrigen Strecken des Nahverkehrs gestalteten Bahnsteigdächer, Zugzielanzeiger, Schilder und Kioske. Hier wurde Fernverkehr vom Görlitzer Bahnhof in Berlin nach Cottbus abgewickelt, dazu der Vorortverkehr nach Königs-Wusterhausen sowie der S-Bahn-Verkehr nach Grünau und Spindlersfeld, so daß drei Bahnsteige benötigt wurden.

Der Görlitzer Bahnhof in Berlin nach den Plänen von August Orth wurde 1868 vollendet. Klassizistisch nach italienischen Mustern ausgerichtet auch dieser Bahnhofsbau für die Linie des „Eisenbahnkönigs" Strousberg. In dieser Zeit war es noch üblich, die Form der gelungen von Wöhlert ausgeführten Bahnsteighalle, die bei 37 m Breite und 148 m Länge insgesamt fünf Gleise überspannte, nicht bis in die Fassade hinaus formgebend wirken zu lassen. Im Gegensatz zum Hamburger Bahnhof in Berlin dienten aber die Tore auch nicht mehr zum Herausfahren von Lokomotiven zur Drehscheibe, sondern diese Scheibe wurde in der Halle untergebracht. Der Bahnhof wurde im Kriege beschädigt, in den fünfziger Jahren bis auf den Kopfbau abgebrochen und in den siebziger Jahren vollkommen dem Erdboden gleichgemacht. Die Ansicht ist 1900 abgestempelt.

SECHZEHNTES KAPITEL:

Im Vogtland und westlichen Sachsenland

Leipzig — Zeitz — Gera — Reichenbach
Werdau — Altenburg — Colditz

Nun sind, ausgehend von dem sächsischen Wirtschaftszentrum Leipzig mit seinem prominenten Bahnhofsgebäude, die Stationen im Übergangsgebiet zwischen Thüringen und Sachsen sowie im Vogtland an der Reihe. Diese Gebäude wurden zumeist von der Thüringischen Eisenbahn, von der Sächsisch-Bayrischen Bahn und von den Sächsischen Staatsbahnen errichtet, zeigen also wieder eine bunte Mischung der Formen und Stile.

Dabei bildet der neue Leipziger Hauptbahnhof ein bemerkenswertes Symbol: Größer und „schöner" hat die Eisenbahn später nie wieder gebaut, denn nach dem Ersten Weltkrieg und dem Ende des Kaiserreiches ließen ein neues Staatsverständnis und das Aufkommen funktionalistischer Bauformen einen solchen hoffnungsvollen Prunk nicht mehr zu. Mit dem „größten Bahnhof Europas" war zugleich der Höhepunkt des Eisenbahn-Jahrhunderts in Deutschland eigentlich schon erreicht. Durch diese Feststellung sollen der Bau und seine Epoche nicht verklärt sein, sondern zur Beschäftigung mit den Zeitumständen hinter einem solchen Gebäude eingeladen werden.

In Leipzig standen einst, entsprechend dem historischen Wachstum der alten Bahngesellschaften, sechs verschiedene Bahnhöfe, von denen drei unmittelbar nebeneinander lagen, ehe man nach der Jahrhundertwende mit dem Bau des 1915 vollendeten monumentalen Hauptbahnhofes begann. Diese Karte aus den Jahren um 1908 zeigt noch die Situation „an den Bahnhöfen" mit einmontierten Straßenverkehrsmitteln, und zwar rechts den 1866 fertiggestellten „Dresdner Bahnhof" und links daneben den „Magdeburger Bahnhof" von 1863 mit der Abfahrtseite. Außerdem bestand nebenan noch der „Thüringer Bahnhof". Die beiden gezeigten Gebäude sind Umbauten der ersten Anlagen von 1839/1840 im romantischen Stil.

Für die Sächsisch-Bayrische Eisenbahn wurde 1842 im Süden von Leipzig dieser Bayrische Bahnhof nach Plänen von Eduard Poetzsch in Betrieb genommen. Er zeigt wieder klassische Stilformen der italienischen Renaissance mit einigen Barockverzierungen und ist als Endbahnhof mit getrennten Seitenflügeln für Abfahrt und Ankunft angelegt; durch die vier Bogen konnten dort die Lokomotiven zu einer Drehscheibe im Vorfeld gelangen und über ein freies Gleis den Bahnhof wieder verlassen. Der Bau, nach Übernahme vieler Fernzüge auf den neuen Hauptbahnhof Leipzig noch heute von Nahverkehrs- und Messezügen angefahren, ist das älteste noch im Betrieb befindliche Stationsgebäude des Kontinents. In den kommenden Jahren soll er teilweise zum Museum werden.

Kaum ein Bahnhof in Deutschland hat es mehr verdient als der Leipziger Hauptbahnhof, hier mit insgesamt vier Abbildungen eingehend vorgestellt zu werden, war er doch bei seinem Bau größter Bahnhof Europas. Pläne, die Leipziger Bahnanlagen umzugestalten und den Durchgangsverkehr zu erleichtern, bestanden schon seit dem Jahre 1880. So entstand dieser Entwurf von Wilhelm Lossow und Max Kühne aus Dresden. Die Ansichtskarte zeigt, daß 1912 erst der preußische Teil vollendet ist.

Diese Karte vom September 1912 gestattet einen Blick in das Restaurant auf dem neuen Leipziger Hauptbahnhof. Wieder fällt auf, daß für die Gestaltung der Baumassen und die Formgebung der Einrichtung damals recht unterschiedliche ästhetische Ansichten galten. Dieser Speisesaal war in der Mitte des Quergebäudes, auf der vorstehenden Karte ganz rechts zu sehen, mit Blick über den Bahnhofsvorplatz untergebracht. Die Ansichtskarte dürfte am hier abgebildeten Büffet erhältlich gewesen sein.

Diese Karte von der Eingangshalle läßt in den Anschriften der Schalter das Nebeneinander von Sächsischer und Preußischer Staatsbahn gut erkennen, für welche getrennte Gepäckschalter vorhanden sind. Über die Treppe im Hintergrund waren die Gleise zu erreichen. Man baute bereits weitgehend in Stahlbeton, und auch die Kassettengewölbe sind aus diesem Material; diese Halle hat 26 m Höhe und 1620 qm Grundfläche. Außenverkleidung in Elbsandstein.

Äußerste Beachtung fand auch der Entwurf der Leipziger Bahnsteighallen. Eine Querhalle hinter dem Empfangsbauwerk von 276 m Länge, 33 m Breite und 27 m Höhe war ebenfalls in Stahlbeton ausgeführt, während für die sechs Bahnsteighallen nach einem weiteren Wettbewerb von 1909 eine Stahlkonstruktion von Eilers und Karig Verwendung fand. Diese Halle ist 240 m lang und 275 m breit, der gesamte Bahnhof ist 300 m breit. Zwei kleinere Hallen von 15 m Breite lagen an den Seiten.

Entlang der Grenze von Thüringen und Sachsen baute die Thüringische Eisenbahn von Weißenfels über Zeitz, Gera und Triptis nach Saalfeld zwischen 1859 und 1871 (Anschluß von Leipzig 1873) eine Strecke, die neben der Sächsisch-Bayrischen Eisenbahn dem Nordsüd-Verkehr über Leipzig dienen sollte. Hier liegt Crossen an dem 1859 eröffneten Abschnitt Zeitz – Gera; das Bahnhofsgebäude zeigt die auch bei anderen Bauten der Thüringischen Bahn festzustellenden klassizistischen Züge. 1880 baute man hier eine Zweigstrecke nach Eisenberg. Die Karte ist etwa 1910 herausgekommen.

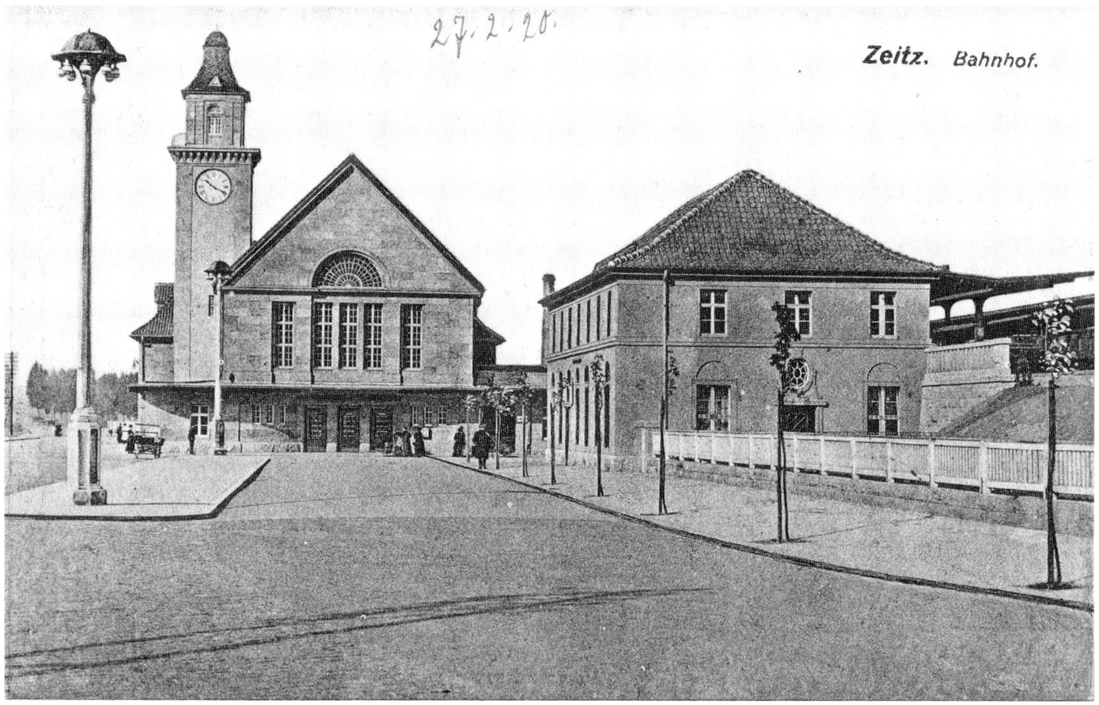

Zeitz in der Provinz Sachsen, 1859 von der Eisenbahn aus Weißenfels und Gera erreicht und 1872 durch eine Braunkohlenbahn (später Sekundärbahn) mit Altenburg verbunden, erhielt 1873 direkte Bahnverbindung mit Leipzig über Barneck und Pegau. Der alte Bahnhof aus der Zeit der Thüringischen Eisenbahn wurde nach 1912 durch diesen prämodernen Bau der Preußischen Staatsbahn ersetzt, dessen noch karg wirkenden Vorplatz eine 1920 gekaufte Karte zeigt.

Die Stadt Gera im preußischen Ostthüringen wurde 1859 aus Weißenfels, 1865 aus Gößnitz, 1871 aus Saalfeld und 1876 aus Weimar von Bahnstrecken erreicht, so daß der alte klassizistische Bahnhof nicht mehr ausreichte und durch einen äußerlich stark mit Magdeburg verwandten Bau ersetzt werden mußte, der einen stark betonten Mittelrisaliten erhielt. Die Architekten des Neurenaissancebaues hießen von der Hude und Hennicke. Die Ansicht aus der Zeit um 1920 zeigt die Gleisseite mit der Bahnsteighalle, dahinter die Stadt. Im Jahre 1915 wurde die von den Bahnen Preußens und Sachsens genutzte Station etwas umgebaut.

Der Bahnhof von Triebes liegt bei Zeulenroda an der 1883 eröffneten sächsischen Bahnstrecke von Weida nach Mehlteuer, ebenfalls im Reußischen. Der Bahnhof hat, wohl wegen des Güterverkehrs der Lithoponefabrik, recht ausgedehnte Gleisanlagen. Lithopone ist ein Pigment zur Farbstoffherstellung, auch Zinksulfidweiß genannt. Der Bahnhof ist im üblichen Eisenbahnstil der Zeit erbaut.

Eine der ältesten Ansichtskarten in diesem Band zeigt den Bahnhof von Mehlteuer in Sachsen, um die Jahrhundertwende aufgenommen. Die Station liegt an der bereits 1848 eröffneten Strecke zwischen Plauen und Gutenfürst der Sächsisch-Bayrischen Eisenbahn; sie ist später erweitert worden.

Um das Jahr 1906 wurde diese Ansichtskarte des Bahnhofes Bad Elster bei Adorf im Vogtland hergestellt. Die Vogtländische Staatsbahn hat die Strecke Herlasgrün – Ölsnitz – Eger schon 1865 erbaut und dabei diesen gefälligen spätklassizistischen Bau mit dem kleinen Glockenturm über der Uhr aufgeführt. Die große Anzahl der Pferdedroschken steht in Zusammenhang mit dem Verkehr der Kurgäste.

Zwischen Plauen und Greiz im Elstertal legte die Sächsisch-Thüringische Eisenbahn 1875 auch die Station Rentzschmühle an, einen typischen Ausflugsbahnhof mit bescheidenem Abfertigungsgebäude. Die Ansichtskarte ist ebenfalls im Jahre 1906 verkauft worden. Von hier ist es nicht weit zur bekannten Elstertalbrücke bei Jokketa, die von dieser Strecke neben dem Fluß unterquert wird, während oben die Linie von Plauen nach Werdau (1851) verläuft.

Die Karte von der Station Herlasgrün hat der Bahnhofswirt Georg Becker verkauft; sein Name steht auf dem Bild oben. Hier zweigte 1865 die Linie nach Falkenstein im Vogtland von der 1851 durch die Sächsische Staatsbahn erbauten Strecke Reichenbach – Plauen ab. Man sieht, daß das Empfangsgebäude des Trennungsbahnhofes als Keil zwischen den beiden Strecken angelegt ist, also in dieser Form erst nach dem Bau des Abzweiges aufgeführt wurde. Fast wie ein Pavillon mutet der Restaurantbau vor dem eigentlichen Eisenbahngebäude an. Die Karte dürfte 1904 entstanden sein.

Ein architektonisches Kleinod ist der am 31. Mai 1846 eröffnete Bahnhof von Reichenbach im Vogtland; er ist heute noch in unveränderter Form vorhanden. Die Sächsisch-Bayrische Eisenbahnkompagnie ließ ihn an der Strecke von Leipzig nach Hof in einer Insellage errichten, obwohl erst fünfzig Jahre später die Zweigstrecke nach Lengenfeld hier angeschlossen wurde. Ein Kleinod für den Sammler auch diese lithographische Karte.

Eine weitere Ansicht des Bahnhofes von Reichenbach gibt diese Lichtdruckkarte aus dem Jahre 1908 wieder. Im Vordergrund stehen die Signalbrücke der Sächsischen Staatsbahn, das Weichensignal und die Bahnsteigüberdachung, welche der spätklassizistische Bau mit dem Glockenuhrturm eindrucksvoll überragt.

In reizvollem Kontrast zu dem schmucklosen Empfangsgebäude des Bahnhofes von Werdau in Sachsen steht die schwungvolle Jugendstildekoration dieser etwa 1910 gedruckten Ansichtskarte. Wieder eine Abbildung, in der sich die ganze „Brigade" des Bahnhofes für den Fotografen aufgestellt hat, wenn auch die Arbeiter fehlen. Werdau hat die Sächsisch-Bayrische Eisenbahn 1845 aus Richtung Norden (Leipzig, Crimmitschau) erreicht.

An der Strecke Werdau – Wünschendorf, 1876 fertiggestellt, ist auch die Ausflugsstation Langenbernsdorf im Werdauer Wald eingerichtet worden. Das Ziegelgebäude trägt wieder die typischen Züge der an den Gutshofstil Nordostdeutschlands angelehnten Eisenbahnarchitektur der Zeit, erwähnenswert ist aber der als Stückgutschuppen verwendete Güterwagen aus der Frühzeit hinter dem offenen württembergischen Waggon rechts. Postkarte um 1910.

Zumeist zeigen die hier versammelten Abbildungen nur die eigentlichen Empfangsgebäude der Bahnhöfe, doch abweichend davon erlaubt diese „Totale" von Wilkau in Sachsen den Blick über Personenbahnhof, Güterhalle und Lokschuppen des Bahnhofes im Ganzen. Der Streckenabschnitt Zwickau – Schwarzenberg, an dem Wilkau gelegen ist, wurde 1858 als Obererzgebirgische Eisenbahn komplett in Betrieb genommen. Übrigens begann in Wilkau auch die Schmalspurbahn über Saupersdorf nach Carlsfeld, zwischen 1881 und 1897 erbaut.

Nach der nationalsozialistischen Machtübernahme 1933 änderten sich binnen weniger Jahre auch die architektonischen Wertmaßstäbe. Statt der Neuen Sachlichkeit setzte sich ein heimatverbundener, nach rückwärts gewandter und mit allerlei Symbolen überladener Baustil durch. Die Modernität von Düsseldorf, Duisburg, Oberhausen und Friedrichshafen schob man beiseite zugunsten einer recht problematischen Bodenständigkeit, wie sie der gegen Ende der dreißiger Jahre vollendete neue Bahnhof von Meerane in Sachsen verkörpert. Ansichtskarte von 1939.

Der Bahnhof in Ronneburg wurde von der Gößnitz-Geraer Eisenbahn im Jahre 1865 errichtet. Das hier in einer Ansicht aus dem Jahre 1914 gezeigte Bauwerk zeigt noch einmal den typischen Spätklassizismus der damaligen Eisenbahnbauten; bemerkenswert groß für ein Mineralbad von etwa sechstausend Einwohnern.

Den ersten Bahnhof von Altenburg im gleichnamigen Herzogtum baute die Sächsisch-Bayrische Eisenbahn anno 1842 auf ihrem Wege nach Süden. Er war als Kopfbahnhof ausgeführt und mußte daher bereits im Jahre 1878 durch den auf einer Bildkarte von 1933 gezeigten Durchgangsbahnhof in Seitenlage ersetzt werden. Den Entwurf machte Alexander von Oer aus Dresden; auffällig ist der Kontrast zwischen dem reichen barocken Schmuck des Mittelgebäudes und der klassizistischen Schlichtheit der Eckrisalite. Im wesentlichen heute noch erhalten.

An der 1842 eröffneten Bahn Leipzig – Alteburg liegt auch Kieritzsch mit seinem einfachen klassizistischen Bahnhof. 1867 wurde die Borna-Kieritzsche Eisenbahn im Betrieb der Sächsischen Staatsbahn dem Verkehr übergeben, und aus dieser Zeit dürfte auch das massive, hier in einer vierfach geteilten Karte von 1905 dargestellte Empfangsgebäude stammen, dessen Aufzug an süddeutsche Vorbilder erinnert.

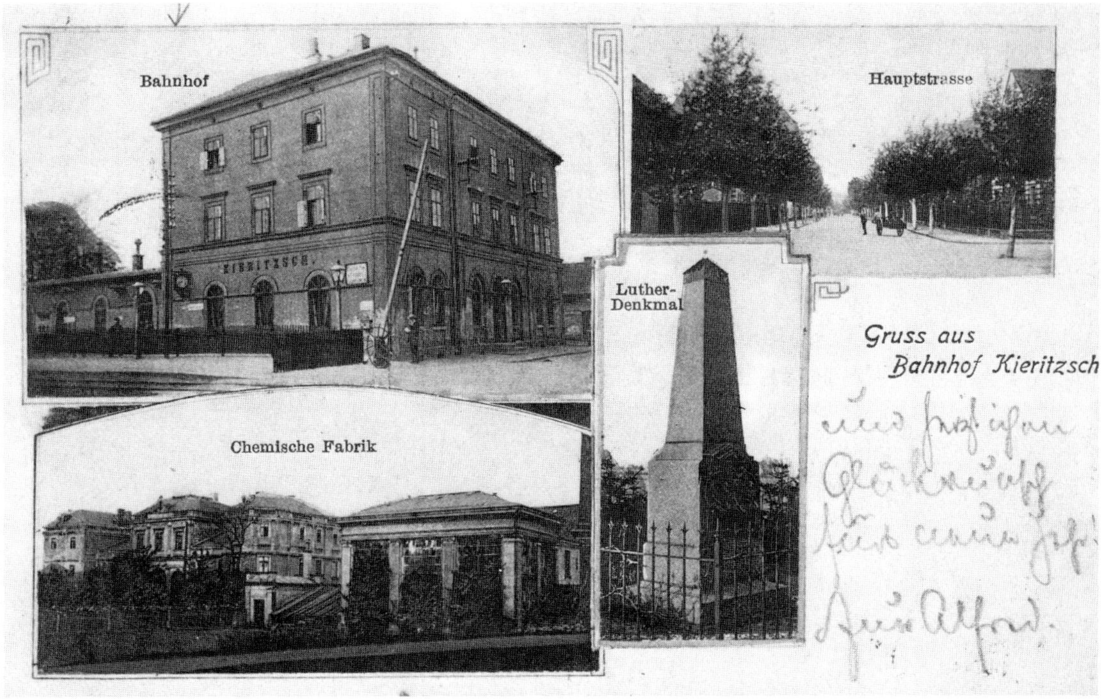

Fast wie ein Eisenbahnsignal nimmt sich der Bildschnitt aus, in dem der Bahnhof von Colditz illustriert ist. Erst 1877 wurde die Muldentalbahn von Glauchau nach Wurzen eröffnet, im Jahr darauf die Bahngesellschaft verstaatlicht. Die Baumassenverteilung und die Dachgestaltung auch dieses Bahnhofes zeigen wieder eine deutliche Anlehnung an den alpinen Stil, wie sie vor einem Jahrhundert weithin üblich gewesen ist. Die Karte ist etwa 1903 produziert worden; bald darauf wurde die Gaststätte vergrößert. Heute noch vorhanden.

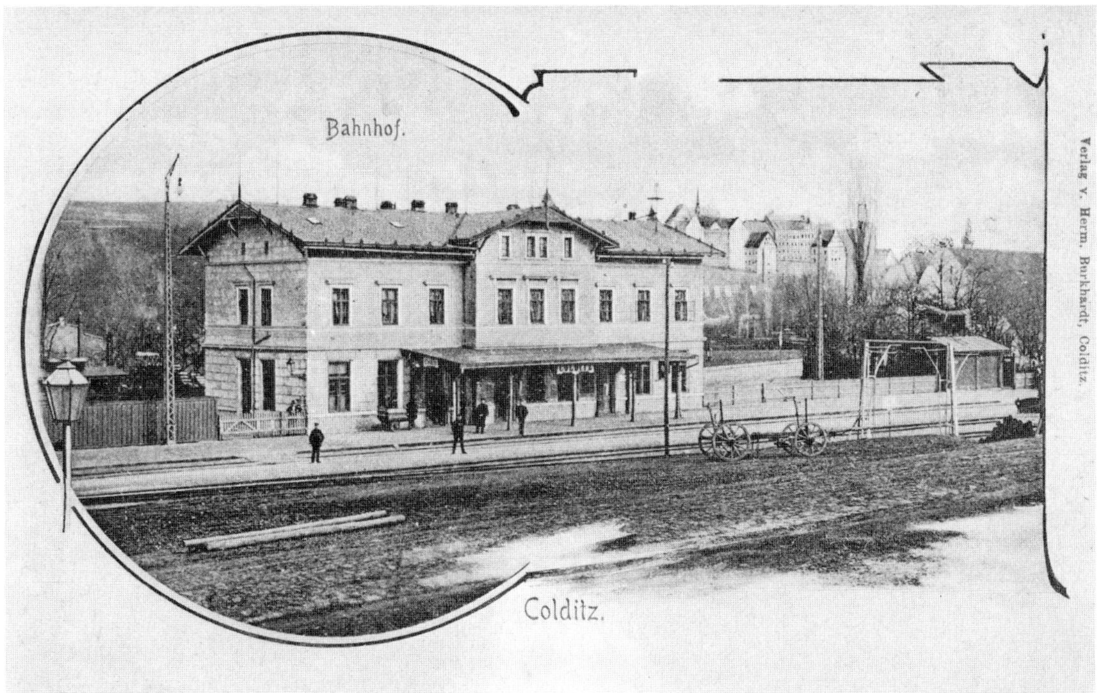

Ebenfalls 1903 ist diese Ansichtskarte von Burgstädt an dem 1872 eröffneten Streckenteil von Geithain nach Chemnitz für einen Gruß benutzt worden. Bauherr war hier die Sächsische Staatsbahn, deren Architekten schlicht und sparsam zu bauen hatten. Dennoch läßt sich, wenn man die Dachkonstruktion betrachtet, fast der gleiche Zeitstil wie am Bahnhof Colditz ausmachen.

Wittgensdorf ob. Bahnhof b. Chemnitz

Letzte Station der Reise im Gebiet zwischen Thüringen und dem westlichen Königreich Sachsen ist Wittgensdorf bei Chemnitz. Dieser Bahnhof liegt ebenfalls an der 1872 in Betrieb genommenen Strecke von Chemnitz über Geithain nach Borna, zeigt daher ganz ähnliche architektonische Merkmale wie der vorstehende Bahnhof Burgstädt mit seinen Dächern und Giebeln. In Wittgensdorf zweigt ferner die gleichzeitig erbaute Nebenbahn nach Oberfrohna und Limbach ab. Die Karte aus den zwanziger Jahren zeigt, wie auch hier ein ausgemusterter Güterwagen zum Schuppen gemacht worden ist.

SIEBZEHNTES KAPITEL:

Sachsen rund um Dresden

Chemnitz — Annaberg — Potschappel — Großenhain Dresden — Arnsdorf — Zittau

In diesem zweiten Abschnitt über die Bahnhöfe des früheren Königreiches Sachsen bereisen wir die östliche Hälfte des Landes. Zwischen Leipzig und Dresden ist 1839 einmal die erste Fernbahn in Deutschland eröffnet worden; fünfzig Jahre darauf nahm man den Bau des Hauptbahnhofes von Dresden in Angriff, der als Herzstück eines ganzen Stadtbahnsystems gilt und heute noch fast unverändert vorhanden ist. Bemerkenswert auch, wie die historisierende Architektur der Gründerzeit an diesem Eisenbahnbau sich einfügte in den städtebaulichen Charakter der Elbmetropole mit ihren vielen Barockbauten. Aber auch die anderen hier gezeigten Bahnhofsbilder von den Hauptstrecken der Sächsischen Staatsbahn und von den kleinen Bahnlinien im Erzgebirge, oft unter Verwendung heimischen Sandsteins errichtet, dokumentieren den eigenen Stil des Bauens in einem kunstsinnigen Land.

Die Bahnstrecke Riesa – Chemnitz wurde 1852 eröffnet. Chemnitz war Endbahnhof, aber mit seitlichem Empfangsgebäude, das im Laufe der Zeit zum Durchgangsbahnhof umgestaltet wurde. Zwischen 1869 und 1872 wurde für die inzwischen sieben in Chemnitz einlaufenden Strecken ein neues Bauwerk nach Plänen von Eck und Engelhardt errichtet; der Betrieb wurde teilweise an Kopfgleisen und teilweise im Durchgangsverkehr abgewickelt. Die Fassade war im Stil der Neurenaissance mit betontem Portal gehalten. Zwischen 1906 und 1910 wurden die Gleisanlagen stark erweitert und an das innen umgestaltete Gebäude eine dreiteilige stählerne Bahnsteighalle von 150 m Breite und 174 m Länge angebaut, die in dieser Ansichtskarte von 1934 im Hintergrund zu erkennen ist.

Der Bahnhof von Chemnitz (heute Karl-Marx-Stadt) hat den Krieg relativ unbeschädigt überstanden. Seine helle Schalterhalle mit dem leichten Eisengerüst von der Gießerei Jacobi in Meißen wurde seinerzeit als große Neuheit gefeiert. Ansicht aus der Zeit um 1906.

Der Chemnitzer Südbahnhof liegt als Insel im Keil der Strecken von Glauchau (1858) und von Aue (1875) nach dem Hauptbahnhof von Chemnitz. Er verkörpert in typischer Weise die kurz nach der Jahrhundertwende ausgeführten Vorstadtbahnhöfe an den damals hochgelegten Gleisen innerhalb größerer Städte, die zumeist in einer Mischung von Neubarock und Prämoderne gestaltet sind. Damals war auch der Rangierbahnhof Hilbersdorf erbaut worden, der zur Umgestaltung der Gleise in Chemnitz beitrug. Diese Ansichtskarte, 1909 abgestempelt, zeigt die Straßenseite der noch ganz neuen Anlage.

Die erste Bahn von Chemnitz nach Annaberg wurde 1866 eröffnet, 1872 dann die Sächsisch-Böhmische Verbindungsbahn über Cranzahl nach Bärenstein verlängert. An der Form und der Zusammenstellung der einzelnen Baukörper kann man erkennen, wie der Bahnhofsbau in gleicher klassizistischer Manier nach der Streckenerweiterung vergrößert worden ist. In der Nähe von Annaberg-Buchholz waren mehrere sächsische Schmalspurbahnen zu finden.

Äußerst bescheiden ist die Station Floßplatz-Warmbad am Ufer der Zschopau an der Sächsisch-Böhmischen Verbindungsbahn Flöha – Bärenstein ausgerüstet: ein Überholungsgleis, ein unscheinbares steinernes Stationsgebäude und zwei Bretterschuppen für Reisende und Güter – fertig ist der Bahnhof. Vermutlich erst einige Zeit nach dem Bau der Strecke eingerichtet.

Ihren Streckenabschnitt von Pockau-Lengefeld nach Marienberg (Sachsen) und Reitzenhain, an welchem unweit von Marienberg dieser Bahnhof Zöblitz-Pobershau angelegt wurde, eröffnete die Chemnitz-Komokauer Eisenbahn 1876. Abermals ein Beispiel für den aus dem Spätklassizismus abgeleiteten Gutshausstil im Bahnhofsbau der siebziger Jahre. Gleichzeitig baute die Flöhatalbahn damals auch ihre Linie von Pockau nach Olbernhau. Karte von 1905.

Am Ende einer 26 Kilometer langen Schmalspurbahn von Hainsberg nach dem Kurort Kipsdorf im Erzgebirge aus dem Jahre 1883 befand sich ein Bahnhofsgebäude mit Güterschuppen und Abstellanlagen, dessen Straßenseite und Rückfront diese Karte aus den Jahren um 1905 sehen läßt. Sie gestattet uns aber einen Blick auf die zu jeder Station gehörenden Nebengleise und auf das damals eingesetzte Wagenmaterial. Die Anlage wurde 1932/35 vollständig umgebaut.

Eine weitere bekannte sächsische Schmalspurstrecke war die von Mügeln (Heidenau) nach Geising-Altenberg, 1890 eröffnet und ab 1935 auf Normalspurbahn umgebaut. Diese winterliche Ansichtskarte aus den zwanziger Jahren zeigt die Endstation dieser alten Müglitztalbahn in Geising, links das für viele sächsische Strecken der Zeit charakteristische Empfangsgebäude.

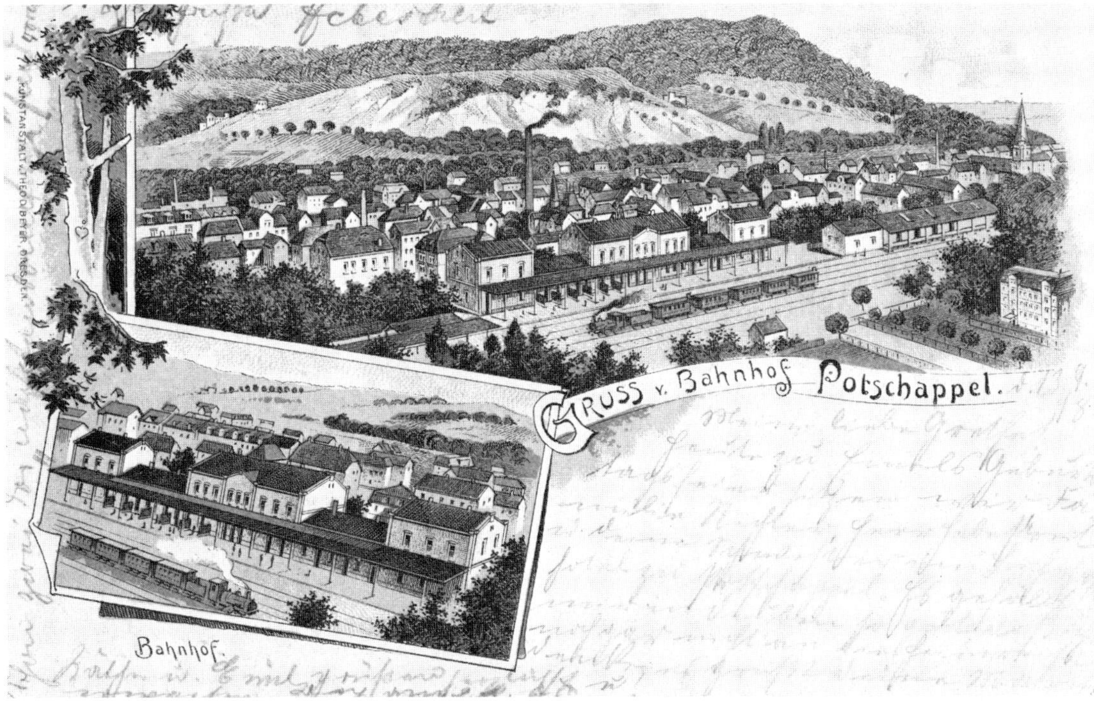

Bahnhof Potschappel zwischen Dresden und Tharandt wurde 1855 an der Albertsbahn errichtet. Die kunstvolle Karte aus der Zeit vor der Jahrhundertwende zeigt das Bauwerk mit den beiden prägnanten Eckrisaliten gleich zweifach; der Bau wirkt insgesamt etwas englisch. Poststempel von 1898.

Zwischen Freiberg und Sachsen an der großen Steilrampe von 1:40 aus Tharandt liegt der Bahnhof Klingenberg-Colmnitz, 1862 in Betrieb genommen. 1869 wurde sodann die Albertsbahn von Freiberg bis Flöha verlängert. In dieser romantischen Landschaft ist das Empfangsgebäude im Gebirgsstil nicht schlecht am Platze. Vor dem Bauwerk steht in dieser Abbildung von 1906 eine der 1902 gebauten Güterzugloks der Klasse IX V mit dem auffälligen Dampftrockner über dem Kessel.

In Großenhain nördlich von Dresden gibt es aufgrund der alten Eisenbahngesellschaften einen Cottbusser und einen Berliner Bahnhof. Letzterer wurde 1875 mit der Berlin-Dresdener Eisenbahn eingerichtet, während der hier abgebildete Bahnhof 1870 von der Cottbus-Großenhainer Eisenbahn aufgeführt worden ist. Diese Bahn stand bis 1874 im Betrieb der Leipzig-Dresdener Eisenbahn und wurde schon 1883 Eigentum Preußens. Die Architektur des Gebäudes markiert den Umbruch zum Historismus und der Neurenaissance in der Baukunst. Manches erinnert an die bayerischen Bahnhofsbauten der Zeit. Die Karte datiert von 1910.

Bahnhof Priestewitz liegt an der ältesten sächsischen Bahnlinie, der Strecke der Leipzig-Dresdner Eisenbahn-Compagnie; 1839 fertiggestellt. Erstes Empfangsgebäude dort ist ein von der Stadt Großenhain erbauter Gasthof gewesen. Zum besseren Anschluß dieser Stadt wurde 1862 die Großenhainer Zweigbahn bis Priestewitz angelegt, die 1869 als Übergang zur neuen Cottbus-Großenhainer Eisenbahn ebenfalls von der Leipzig-Dresdner Bahn erworben wurde. Im Zusammenhang mit dieser Verkehrszunahme wurde in Priestewitz das hier in einer Karte von 1937 dargestellte Bauwerk eröffnet.

In Dresden besaßen die Eisenbahnen vor dem Bau des Hauptbahnhofes die Empfangsanlagen der Leipziger (1839), der Schlesischen (1844), der Böhmischen (1851/1864) und der Berliner (1875) Strecken; jeweils zwei von ihnen in der Altstadt und der Neustadt. Als der Verkehrszuwachs vor nunmehr hundert Jahren den Ersatz dieser Anlagen notwendig machte, baute man auf dem Platz des früheren Böhmischen Bahnhofs den neuen Hauptbahnhof.

Die östliche Seite des Hauptbahnhofes Dresden wird in dieser Ansicht von 1905 wiedergegeben. Die beiden Seitenhallen beherbergen jeweils drei Gleise, dazu kommen links noch zwei Gütergleise. Breite der Hallen etwa 30 m, Länge 240 m. Die Mittelhalle hat 59 m Spannweite und 184 m Länge. Wie für die übrigen deutschen Großstadtbahnhöfe der Epoche auch, haben die Architekten Giese und Weidner in Dresden historisierend mit Elementen aus Barock und Renaissance freizügig gearbeitet.

Wieder eine kleine Rarität ist diese Sonderpostkarte zur Eröffnung des Bahnhofes an der Wettiner Straße in Dresden, der (heute ohne die kriegsbeschädigte Halle als „Dresden Mitte") zwischen Hauptbahnhof und der Station Neustadt liegt. Seine architektonische Gestalt erinnert stark an die Berliner Bahnhöfe Friedrichstraße und Alexanderplatz; auch hier befinden sich alle Diensträume unterhalb der um 6 Meter angehobenen Gleislage.

Die Erneuerung der Bahnanlagen in Dresden fand im März 1901 ihren Abschluß mit Eröffnung des Neustädter Bahnhofes. Unter der dreischiffigen Halle von 70 m Breite und 140 m Länge von der MAN befinden sich vier Bahnsteige mit acht Bahnsteiggleisen. In diesen Hallen wird die zweigleisige Strecke von der Wettiner Straße im Richtungsbetrieb gespalten in eine zweigleisige Bahn nach Görlitz sowie eine viergleisige Strecke nach Berlin/Leipzig. Das Empfangsgebäude ist mit einfach geformten Sandsteinen verkleidet.

Bahnhof Arnsdorf befindet sich an dem 1845 von der Sächsisch-Schlesischen Eisenbahn erbauten Streckenabschnitt zwischen Dresden und Bischofswerda auf der Route nach Bautzen und Görlitz. Die Nordsüdstrecken von Kamenz (1871) und von Pirna (1875) enden zu beiden Seiten der durchgehenden Hauptgleise. Das unauffällige Empfangsgebäude mit den drei Giebeln zur Gleisseite hin dürfte die Staatsbahn in den siebziger Jahren errichtet haben. Im Vergleich zu den nach der Jahrhundertwende gebauten Bürgerhäusern rechts in dieser Karte von 1914 wirkt die Station eher klein.

Im weiteren Verlauf der Sächsisch-Schlesischen Eisenbahn liegt Demitz zwischen Bischofswerda und Bautzen. Dieser 19 km lange Abschnitt ist 1846 in Betrieb genommen worden. Der hier in einer Ansicht aus den Jahren um 1912 gezeigte Bahnhofsbau mit dem danebenliegenden Restaurationsgebäude verkörpert bereits die zweite Generation der Ausstattung an dieser Bahnlinie. Das im Oberstock mit Schiefer verkleidete Haus dürfte vor rund einem Jahrhundert hochgemauert worden sein.

Diese schöne Ansichtskarte des Bahnhofes Großpostwitz bei Bautzen mit seiner Efeuverzierung ist 1904 herausgekommen, die neben der Straßenseite in einem kleinen Ausschnitt rechts auch die Türen und Schilder unter dem Bahnsteigdach vorzeigt. Die Strecke im oberen Spreetal zwischen Bautzen und Wilthen, an welcher die Station liegt, wurde 1877 in Betrieb genommen.

Die Rundreise zu den Bahnhöfen Sachsens endet im Südosten, in der alten Grenzstadt Zittau. Die erste Bahnanlage wurde dort 1848 für die Löbau-Zittauer Eisenbahn errichtet, die im Betrieb der Sächsisch-Schlesischen Eisenbahn auch den Anschluß an deren Strecke Dresden – Görlitz herstellt. Etwa ein bis zwei Jahrzehnte später wurde in Seitenlage zu den Gleisen, die inzwischen bis Görlitz und Reichenberg durchgeführt worden waren, dieses spätromantisch gotisierende Bahnhofsgebäude erbaut. Der fünfteilige Grundriß mit den drei Giebeln und dazwischenliegenden Querflügeln ist bei deutschen Bahnhöfen dieser Zeit hundertfach angewandt worden. Die Ansichtskarte stammt aus den dreißiger Jahren.

Teil III:

Erinnerungen an die Bahnhöfe in den ehemals deutschen Ostgebieten

Achtzehntes Kapitel:

Entlang der Ostbahn durch Pommern und Westpreußen

Berlin Stadtbahn — Küstrin — Landsberg — Kreuz Schneidemühl — Stolp — Dirschau

Im letzten Teil des Buches sollen rund achtzig Karten aus den früheren deutschen Ostgebieten solche Bahnhöfe zeigen, die einmal zum Bereich der Preußischen Staatsbahn gehört haben, und die heute nur nach längeren Vorbereitungen noch besucht werden können. Die durch die Folge der Ansichtskarten vorgegebene Reise führt in diesem Kapitel, bereits in Berlin beginnend, auf den Schienen der Ostbahn bis nach Dirschau und Danzig, also bis vor die Tore Ostpreußens. Mit der Ostbahn hat in Preußen vor über 125 Jahren einmal das Staatsbahnzeitalter begonnen, denn für den Bau einer Eisenbahn in die dünn besiedelten Gebiete des Ostens wollten private Interessenten damals ihr Geld nicht riskieren. Der „Ostbahnstil" vieler Bahnhofsgebäude, vor allem in kleineren Orten, ist dann für die allmählich sich bildenden weiteren preußischen Staatseisenbahnen über Jahrzehnte hinaus das Muster gewesen, an dem man sich orientierte, und dem man schon ab 1890 das Prädikat „schablonenhaft" beimaß. Heute sehen wir die noch vorhandenen Bahnhofsbauten aus jener Zeit bereits wieder mit anderen Augen an, und haben unsererseits gerade die radikale Ablehnung des reichen gründerzeitlichen Zierats überwunden.

Auch dies wieder eine Kupfertiefdruckkarte mit Schreibschrift aus den frühen dreißiger Jahren: Berlin-Friedrichstraße, als Ersatz des ersten Bahnhofes gleichen Namens an der Stadtbahnstrecke aus dem Jahre 1882 nach Entwurf von Th. Brodführer erbaut. Wir sehen hier die nördliche Seite mit der kleineren Halle für den Nahverkehr. Die 1924 fertiggestellten Bogenkonstruktionen wurden von Beuchelt erbaut; sie waren 38 m bzw. 19 m breit. Architekturgeschichtlich wichtig ist hier die weitgehende Anwendung von Klinkern in der Fassadengestaltung, die mit ihren Formen und Glasuren nun bewußter eingesetzt werden als früher.

Ein bedeutender Kreuzungsbahnhof an der Preußischen Ostbahn war und ist Schneidemühl im 1851 eröffneten Streckenabschnitt zwischen Kreuz und Bromberg. Das Bauwerk befindet sich in Insellage zwischen dieser Strecke und dem 1871 gebauten Zweig nach Konitz, der hier auf der Nordseite gelegen war. Da hier ein reger Umsteigeverkehr zwischen Berlin einerseits und weiten Gebieten Pommerns, Westpreußens und Posens andererseits abgewickelt wurde, konnte sich ein ausgedehntes Bahnhofsbüffet mit angeschlossener Bewirtschaftung der Züge in Schneidemühl gut halten. Diese Ansichtskarte wurde im Ersten Weltkrieg geschrieben. Mehr über diesen Bahnhof weiter unten.

Wichtigster Bahnhof in West-Berlin ist heute der „Bahnhof-Zoo" auf der Stadtbahnstrecke. Er hat mit der ersten 1882 eröffneten Anlage nur noch den Namen gemein, denn am Ende der dreißiger Jahre wurde, ähnlich wie schon zuvor am Bahnhof Friedrichstraße, sein Ersatz durch eine um zwei Fernbahngleise erweiterte Anlage moderner Konstruktion unumgänglich. Dagegen handelte es sich bei dem in einer Karte von 1906 gezeigten ersten Bau um zwei bescheidenere Hallen mit spitzem Dach.

Die gesamte Stadtbahnstrecke Berlins war 1882 als ein zusammenhängender Zentralbahnhof für die Reichshauptstadt gedacht, der alle aus dem Osten und dem Westen einlaufenden Züge bewältigen und durchführen sollte. Außer dem Schlesischen Bahnhof und Charlottenburg waren anfangs aber nur Friedrichstraße und Alexanderplatz für den Fernverkehr eingerichtet. Der alte Bahnhof Friedrichstraße besaß besonderen Reiz durch seine Anordnung im Gleisbogen. In dieser Karte sehen wir auf die östliche Ausfahrt.

Wie oben schon gesagt, ist der alte Bahnhof Friedrichstraße zu Beginn des Ersten Weltkrieges abgerissen worden, um Platz zu schaffen für den in dieser Bildkarte aus dem Jahre 1934 gezeigten Neubau mit dem zusätzlichen Gleispaar und den beiden unterschiedlich großen Hallen. Wieder mußte man für den Fernverkehr zusätzliche Bahnsteiggleise und Überholungsmöglichkeiten einrichten. Heute ist der Bahnhof Grenz- und Übergangsanlage zwischen Ost und West.

Östlicher Endpunkt der Berliner Stadtbahn war der Schlesische Bahnhof. Diese Station war schon älter: 1869 hatte die Niederschlesisch-Märkische Bahn ihren neuen, zweiten Endbahnhof in Berlin nach Plänen von Grüttefien und Schwedler mit einer Halle von Schwartzkopff erbauen lassen. Dieser Kopfbahnhof wurde zwischen 1878 und 1880 zum Durchgangsbahnhof umgebaut, indem man die stadtseitigen Tore beseitigte und nördlich, in dieser Karte von 1901 links zu sehen, eine weitere Halle für den Nahverkehr anbaute.

Eine kleine Besonderheit des Schlesischen Bahnhofes in Berlin ist der „Wriezener Bahnsteig" für die direkte Strecke nach der Stadt am Oderbruch gewesen. Wriezen selbst hat aber seinen Bahnhof schon 1867 von der Berlin-Stettiner Eisenbahn mit der Strecke aus Eberswalde erhalten, die 1877 dann bis Frankfurt an der Oder verlängert wurde. Der Bahnhof Wriezen erscheint daher mit dieser Karte von 1908 auch im weiteren Zusammenhang mit der Ostbahnstrecke; er repräsentiert wieder den üblichen Gutshoftyp.

Ein charakteristisches kleines Stationsgebäude der Preußischen Ostbahn erhielt Rehfelde nahe Strausberg in der Mark. Der Ort liegt an dem 1866–1867 erbauten Streckenabschnitt Berlin – Gusow – Cüstrin und hat vornehmlich lokale Bedeutung für die dortigen Landgüter. Selbst ein solches Bauwerk verkörpert noch auf vermittelte Weise die Ära Schinkels und der „Italian Villa", mit deren Idealen sich die Staatsbahnarchitekten damals beschäftigten.

Erste große Zwischenstation im Verlauf der Ostbahn ist Cüstrin an der Warthe. Erst 1857 hat diese Staatsbahn, die zuvor über einige Strecken anderer Bahnen an ihr Ziel kommen mußte, den Abschnitt Kreuz – Landsberg – Cüstrin fertiggestellt, und noch zehn Jahre fuhr sie von hier über Frankfurt an der Oder nach Berlin. Als 1875–1877 die Breslau-Freiburger Bahn ihre Strecke von Breslau über Cüstrin nach Stettin realisierte, kreuzten sich die beiden voneinander unabhängigen Bahnen in Cüstrin auf einem Turmbahnhof von 6 m Höhenunterschied zwischen den beiden Ebenen. In einem Winkel der Gleise wurde dieses mehrstöckige Empfangsgebäude angelegt. Ansichtskarte gestempelt 1932.

Der Bahnhof Cüstrin-Neustadt, den schon die vorstehende Karte zeigte, war wichtigste Station des Ortes. Wir blicken in dieser Ansicht aus dem Jahre 1910 über die im Kreuzungsbahnhof untenliegenden Gleise der Breslau-Stettiner Bahn, während die Ostbahngleise auf der Brücke im Hintergrund liegen. Sehr schlicht und unauffällig in preußischer Backsteinarchitektur ist das Aufnahmegebäude ausgeführt. Die Bahnhofstraße rechts im Bild führt zu dem in der vorangegangenen Karte von Pappeln verdeckten Haupteingang.

Auch Landsberg an der Warthe liegt an dem 1857 in Betrieb genommenen Ostbahngleis zwischen Kreuz und Cüstrin. Spätromantische Züge trägt der mit einem auffälligen Quadermuster verputzte Ziegelbau, der zum Zeitpunkt der Aufnahme dieser echten Fotokarte aus den dreißiger Jahren auch die Strecken nach Schwerin an der Warthe und nach Soldin in Pommern zu bedienen hatte.

Zwischen Cüstrin und Landsberg an der Warthe befindet sich auch die kleine Landstation Vietz. Eröffnet ebenfalls 1857. Die Ansichtskarte dieses kleinen Landbahnhofes 2. Klasse ist kurz vor dem Ersten Weltkrieg produziert worden; das Bahnhofsgebäude wird, inzwischen mit hellem Glattputz versehen, heute noch von der Polnischen Staatsbahn verwendet.

Friedeberg in der Neumark liegt zwischen Landsberg und Kreuz an der Ostbahn; hier zweigt die Kleinbahn nach Libbehne ab. Auch hier ist der Name „Ostbahnhof" wieder nach der Bahnstrecke gewählt, weil der Ort einige Kilometer abseits liegt und durch die Privatbahn einen „Stadtbahnhof" erhalten hat. In ganz ähnlicher Weise wie für Vietz sind auch die Zeichnungen für Friedeberg vor 1857 aufgestellt worden; man baute damals bereits in einem gewissen System vorgefertigter Zeichnungen, die dann jeweils auf die konkreten Anforderungen umgearbeitet wurden.

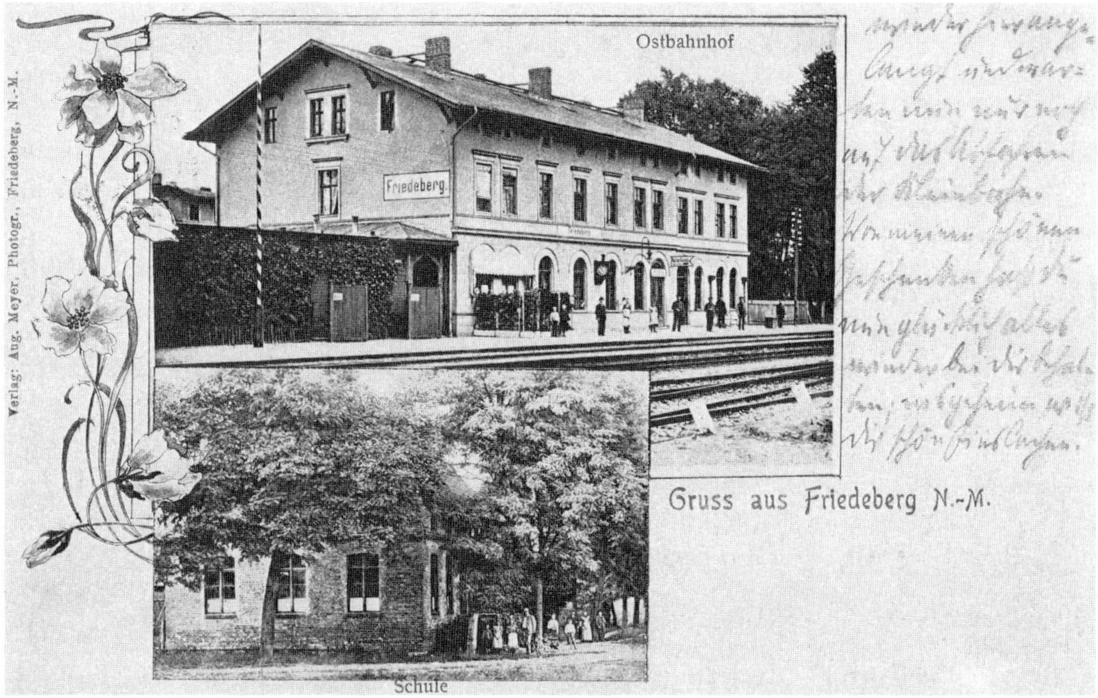

Dieckow in der Neumark liegt abseits der Ostbahn, und zwar zwischen Glasow und Arnswalde. Dieser Abschnitt der Glasow-Berlinchener Eisenbahn ist 1883 vollendet worden und gehörte zum Netz der Stargard-Küstriner Eisenbahn; mit dieser ist er 1903 an die Preußische Staatsbahn gelangt. Man sieht wieder, wie sich der Baustil binnen eines Jahrzehnts verändert hat, und wie aus den breiten niedrigen Bauten schmale hohe geworden sind. Postkarte von 1910 mit Schloß und Gasthof.

Zusammen mit der Gesamtstrecke der Stargard-Cüstriner Eisenbahn zwischen den beiden namengebenden Städten wurde 1882 der Bahnhof von Glasow eröffnet. Von Glasow wurde, wie oben bei Beschreibung der Karte von Dieckow schon gesagt, im folgenden Jahre die Strecke nach der Sommerfrische Berlinchen eröffnet. Zur fotografischen Aufnahme in Glasow haben sich einmal sämtliche Personen aufgestellt, die dem Bahnhof ihre Arbeit verdanken, während man sonst häufig nur die wichtigsten Beamten sieht. Die Karte ist etwa 1910 angefertigt worden.

Bahnhof Kreuz, der bereits am Anfang des Buches kurz vorgestellt worden ist, liegt im Schnittpunkt der Strecken, welche die Stargard-Posener Bahn 1848 und die Preußische Ostbahn 1851 von Kreuz nach Bromberg und 1857 von Kreuz nach Frankfurt an der Oder erbaut haben. Das Bahnhofsgebäude, nachklassizistisch fünfteilig gegliedert, ist als Inselbauwerk zwischen den im Linienbetrieb auf beiden Seiten getrennt geführten Bahnen aufgemauert. Beachtliche Spannweite hat der Fußgängersteg. Von dem Bahnhof Kreuz sind, da auch hier oft umgestiegen wurde, recht viele Ansichtskarten bekannt. Diese wurde 1915 versandt.

Mit einer Karte vom Bahnhof Schneidemühl wurde dieses Kapitel bereits eingeleitet. 1851 wurde der Bahnhof mit der Strecke von Kreuz nach Bromberg eröffnet, 1871 mit dem Bau der Strecke nach Konitz und Dirschau zum Trennungsbahnhof mit Linienbetrieb umgebaut. Das Empfangsgebäude kam damit in seine Insellage. 1879 wurde als letzte Ostbahnstrecke die Verbindung von Posen nach Neustettin in den Bahnhof Schneidemühl eingeführt, endlich noch die Bahnen von Usch und Deutsch Krone. Auf der Südseite des Bahnhofes, wie sie die Karte aus der Zeit um 1915 darstellt, blickt man aus Richtung Kreuz auf die Gleispaare nach Bromberg (links) und Posen (rechts).

An seiner östlichen Front erhielt der Bahnhof Schneidemühl diesen schmückenden Erker für das Restaurant und eine kleine Grünanlage. Die Ansicht ist 1915 als Feldpostkarte versandt worden. Für den Fotografen sind die Kellner und Gehilfen des Restaurants mit ihrem ausladenden Wirtschaftswagen angetreten.

Schwerin an der Warthe liegt im Posener Land südlich von Landsberg. Die erste Eisenbahn dort wurde von Landsberg über Meseritz und Schwerin nach Bentschen gebaut; nach der Jahrhundertwende kamen in Schwerin noch Zweigstrecken nach Altbeelitz und Wierzebaum in der Neumark hinzu. Der Bahnhofsbau in Schwerin, wie ihn diese Ansichtskarte aus der Zeit um 1902 zeigt, ist mit seinen Dachreitern und dem Krüppelwalmdach schon etwas reizvoller ausgestaltet als die sonst damals dort üblichen Bauten.

Sechs Zugpaare täglich hatte die um die Jahrhundertwende von dem Unternehmen Becker & Co. erbaute Kleinbahn Kreuz – Schloppe – Deutsch Krone auf ihrer immerhin 60 km langen Strecke zu bieten. Sie erschloß, typisch für die Gegenden entlang der Ostbahn, den ländlichen Raum nordöstlich von Kreuz. Ihr Gleis lag im Anschluß an die Ostbahnstrecke am Hauptbahnhof Kreuz und war über den gezeigten Steg zu erreichen; das Abfertigungsgebäude war bescheiden in ausgemauertem Fachwerk hergestellt. Lokomotiven wurden in Anlehnung an die Staatsbahn beschafft. Die reichgeschmückte Karte ist im Jahre 1900 mit der Bahnpost befördert worden.

An der 1877 eröffneten Pommerschen Centralbahn, die ebenfalls zum Netz der Preußischen Ostbahn gehörte, wurde der Bahnhof Falkenburg angelegt. Die Strecke bot eine weitere Ostwest-Verbindung von Konitz über Neustettin nach Ruhnow an der Hinterpommerschen Eisenbahn mit Anschluß nach Stargard und Stettin. Später wurden in Falkenburg auch Nebenbahnen nach Callies (1900) und Polzin (1903) eingeführt, so daß vier Bahnsteiggleise vorhanden waren, wie sie diese Karte aus den Jahren um 1905 zeigt.

Einen äußerst romantischen, mit gotischen Elementen verzierten Bahnhof hat Rummelsburg in Pommern durch den Bau der Eisenbahnstrecke von Neustettin nach Stolpmünde an der Ostsee im Jahre 1878 erhalten. Auch diese 121 km lange Route war Bestandteil der Preußischen Ostbahn; sie bildete eine Nordsüd-Verbindung von Stolp nach Schneidemühl. Typisch für die gotisierende Backsteinarchitektur in Norddeutschland ist auch das verzierende Spiel mit hellen Putzflächen. Als diese Karte geschrieben wurde, war der Bahnhof bereits vierzig Jahre alt.

Östlich von Oder und Reglitz bei Stettin in Pommern liegt Ferdinandstein an der schon genannten Strecke der Breslau-Schweidnitz-Freiburger Eisenbahn, die 1876-1877 von Cüstrin über Königsberg (Neumark) nach Stettin erbaut worden ist. Die Abbildung, um 1900 aufgenommen, zeigt abermals den für die siebziger Jahre des vergangenen Jahrhunderts charakteristischen Baustil ländlicher Zweckbauten, hier allerdings mit stark betonten Fensterbögen und Musterungen im Mauerwerk. Leider hat man die Karte unten beschnitten. Wieder ist die Familie des Bahnhofsvorstehers abgebildet.

Recht groß mußte der Bahnhof von Ruhnow in Pommern ausgeführt werden. Die Ortschaft liegt an der von der Berlin-Stettiner Bahngesellschaft erbauten Hinterpommerschen Eisenbahn, und zwar an dem 1859 eröffneten Streckenteil von Stargard nach Cöslin. 1877 wurde in Ruhnow auch die bereits bei Beschreibung des Bahnhofes von Falkenburg genannte Pommersche Centralbahn nach Tempelburg, Neustettin und Schlochau eingeführt. Damals hat man dieses Bauwerk erweitert. Karte etwa 1914.

Eindrucksvoll romantisch wurde der Bahnhof von Stolp gestaltet, als die Hinterpommersche Eisenbahn 1869 ihre Strecke von hier nach Cöslin dem Verkehr übergab. Im folgenden Jahre wurde die Linie bis Danzig und Zoppot verlängert, und 1878 kam die schon erwähnte Route der Ostbahn von Neustettin nach Stolpmünde. Diese Straßenansicht mit den zahlreichen Pferdekutschen ist 1909 herausgekommen; auffallend die asymmetrische Anordnung des Hauptportales und die reiche Verwendung von Uhren in den Türmchen.

Diese Ansichtskarte mit den im Bahnsteigverkauf tätigen Kindern hat der Wirt der Bahnhofsgaststätte von Belgard in Pommern während der dreißiger Jahre herausgebracht. Sie zeigt einmal die Szene auf dem Bahnsteig mit eingefahrenem Schnellzug, dazu die nach dem Ersten Weltkrieg verbreitet aufgestellten einstieligen Bahnsteigdächer. Von dem Empfangsgebäude selbst sind hier nur die Dachgiebel zu erkennen.

Der erste Bahnhof von Cöslin (später Köslin) wurde 1859 angelegt. Damals war die Bahn von Stargard fertig, die 1869 bis Stolp weitergebaut wurde. Eine Strecke nach Kolberg und die Kleinbahn der Kreise Köslin, Bublitz und Belgard erschlossen die weitere Landschaft an der pommerschen Küste. Da der alte Bahnhof den Ansprüchen bald nicht mehr genügte, wurde er wenige Jahre vor dem Ersten Weltkrieg durch einen prämodernen Neubau ersetzt. Diese Kleinkarte stammt aus den dreißiger Jahren.

Ein Bahnhof der Pommerschen Landesbahn liegt vor uns, und zwar die Knotenpunktstation Groß Jestin südlich von Kolberg. Nach allen vier Himmelsrichtungen zweigten hier Bimmelbahnen ab; nach Kolberg, Körlin (Persante), Stolzenberg und Mühlenbruch, an letztgenanntem Ort mit weiteren Verzweigungen. Diese meterspurigen „Kolberger Kleinbahnen" wurden von der Firma Lenz & Co. aus Stettin betrieben.

Preußisch Stargard, wie der Ort im Gegensatz zu Stargard in Pommern heißt, liegt in dem Teil Westpreußens, der bereits 1918 polnisch geworden ist. Die erste Eisenbahn in dieser Stadt war die Preußische Ostbahnstrecke von Dirschau im Jahre 1871 als Teil der 1873 komplett in Betrieb genommenen Bahn von Schneidemühl über Konitz nach Dirschau, welche die alte Ostbahnstrecke über Bromberg entlasten sollte. Aus naheliegenden Gründen hat der Bau in seinen Details viel Ähnlichkeit mit Kreuz, Schneidemühl oder Bischofswerder. Um die Jahrhundertwende wurden hier Zweigbahnen nach Schmentau und Schöneck angeschlossen. Noch immer standen die Architekten dieses Bahnhofes unter nachklassizistischem Einfluß.

Die westpreußische Stadt Dirschau hat ihren Bahnhof von der Ostbahn im Jahre 1852 mit der Strecke von Bromberg nach Danzig erhalten. 1857 wurde die Strecke über die romantische Weichselbrücke nach Marienburg eröffnet, von wo die Ostbahn nach Königsberg bereits seit 1853 fertiggestellt war. Schneidemühl über Konitz kam 1871 hinzu. Der gleichfalls spätklassizistisch gehaltene Bau liegt unmittelbar vor der Brücke; wir blikken in dieser Karte von 1900 über die nebeneinander eingeführten Strecken von Danzig (links) und Konitz (rechts), während hinter dem Inselgebäude rechts die Bahnstrecke von Laskowitz und Bromberg herankommt.

Neunzehntes Kapitel:

Durch Ostpreußen und das Posener Land

Danzig — Marienburg — Königsberg — Insterburg
Eydtkuhnen — Lyck — Allenstein — Thorn
Graudenz — Wreschen — Wollstein

Ostpreußen ist diejenige früher deutsche Provinz, über deren Eisenbahnwesen und deren Bahnhöfe wir seit dem Kriege am wenigsten wissen. Diesem Gebiet, angrenzenden Regionen Westpreußens und dem Posener Land sind die nächsten Ansichtskarten gewidmet. Dabei ist zu bedenken, daß einige der hier gezeigten Bahnhöfe, soweit sie nicht in Ostpreußen lagen, schon 1920 mit der Wiedergründung des polnischen Staates und mit der Abtretung großer Gebiete an diesen nicht mehr zum deutschen Eisenbahnnetz zählten. Beispiele sind Thorn und Posen. 1939 wurden dort die polnischen Stationsschilder wieder übertüncht, 1945 ein weiteres Mal die deutschen Ortsnamen. So wird gerade bei Betrachtung dieser alten Ansichtskarten immer wieder deutlich, wie vorrangig Eisenbahngeschichte stets auch politische Geschichte ist und ohne ein Verständnis für diese auch nicht richtig verstanden werden kann.

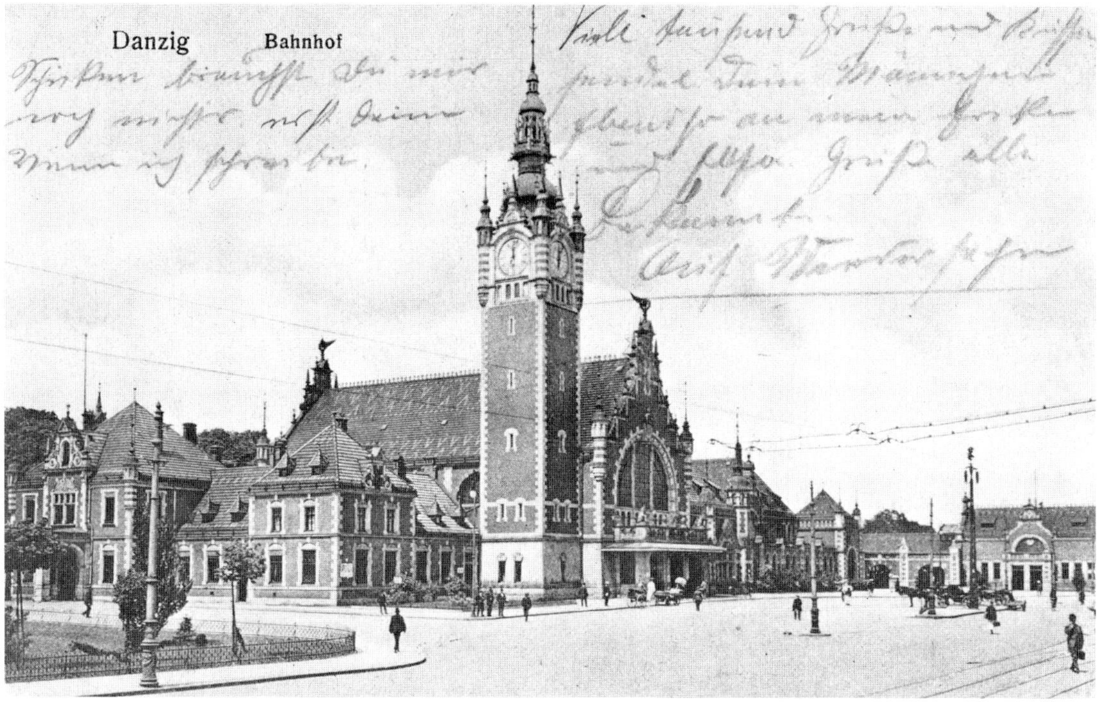

Wie ein mittelalterliches Rathaus sieht der Hauptbahnhof von Danzig aus, der 1902 nach den Plänen von Thömer, Rudell und Cony ausgeführt worden ist. Aus Ziegeln und schmükkendem Sandstein haben sie diesen Neurenaissancebau gestaltet, der auf den neuen Bahnhof Krefeld starken Einfluß hatte. Das Bauwerk liegt seitlich der Durchgangsgleise in der Relation Stolp – Dirschau, während sich rechts auch mehrere Kopfgleise für endende Züge aus Neufahrwasser und Zoppot befinden. Heute wiederaufgebaut vorhanden.

Während des Ersten Weltkrieges ist diese Ansichtskarte des Bahnhofes Marienburg versandt worden. Die Stadt mit dem berühmten Ordensschloß wurde von der Preußischen Ostbahn 1852 aus Braunsberg über Elbing erreicht, ein Jahr später war Königsberg erreicht. Gleichzeitig war die Strecke Bromberg – Dirschau – Danzig fertig, doch die Verbindung beider Streckenteile mit der Überbrückung von Weichsel und Nogat zwischen Dirschau und Marienburg sollte noch bis 1857 dauern. 1876 wurde in südöstlicher Richtung die Marienburg-Mlawkaer Eisenbahn bis Deutsch Eylau gebaut. Bald darauf dürfte dieses stark historisierende Gebäude entstanden sein.

An der um die Jahrhundertwende eingerichteten Haffuferbahn am Frischen Haff bei Elbing wurde dieser Bahnhof von Frauenburg eröffnet, der den für diese Zeit im Bau von ländlichen Ausflugsbahnen üblichen heiteren Baustil mit schmückendem Putz, Fachwerk, Türmchen und Holzverkleidung vorweist. Die Bahn gehörte zum Unternehmen Ostdeutsche Eisenbahn-Gesellschaft in Königsberg und verlief im Bogen von Elbing über Cadinen, Tolkemit und Frauenburg wieder an die Ostbahn bei Braunsberg. Etwa 1914.

Königsbergs erster Bahnhof wurde 1853 von der Preußischen Ostbahn erbaut, romantisch verziert und mit einer stattlichen Halle versehen, während der zweite Bahnhof, wie in vielen anderen Großstädten auch, im Zusammenhang mit vollkommener Neugestaltung der Bahnanlagen dort erst 1929 in Betrieb genommen wurde.

Auch einen neuen Nordbahnhof hat Königsberg gegen Anfang der dreißiger Jahre erhalten. Er gehörte der Ostdeutschen Eisenbahn-Gesellschaft und dient den nordwärts führenden Privatbahn-Gleisen, welche die Bernsteinküste des Samlandes und das Kurische Haff erschließen. Für solche Verkehrsaufgaben ist dieser Monumentalbau eigentlich viel zu groß; er enthält noch ein Hotel und eine große Zahl von Räumen der Eisenbahnverwaltung. Eröffnet 1930; das größte Privatbahngebäude Deutschlands. Die Fotokarte wurde 1935 abgestempelt.

Die kleine Landstation Groß Lindenau befindet sich zwischen Königsberg und Insterburg an dem 1860 eröffneten Abschnitt der Ostbahn bis zur russischen Grenze bei Eydtkunen. Viele Bahnhöfe und sonstige Gebäude dieser Gegend sind durch Verbretterung der Obergeschosse den klimatischen Bedingungen der Region angepaßt. Die Postkarte ist 1916 zur Beförderung gegeben worden.

Nach Insterburg kam die Ostbahn aus Königsberg und Stallupönen im Jahre 1860, aus Allenstein 1872 und aus Goldap 1878. Die nordwärts führende Tilsit-Insterburger Eisenbahn wurde schon 1865 in Betrieb genommen. Demzufolge mußte der Insterburger Bahnhof, der hier in einer 1941 abgestempelten Karte gezeigt wird, für ein größeres Verkehrsaufkommen bemessen werden. Zur Gestaltung der Fassaden und Dächer ist zu bemerken, daß diese gegenüber der ursprünglichen Form bei einem Umbau des Bahnhofes stark verändert worden sind.

Ein weitverzweigtes Netz der Insterburger Kleinbahnen in Spurweiten von 750 und 1000 mm unterhielt die Ostdeutsche Eisenbahn-Gesellschaft in den ländlichen Gebieten rund um die „Turnierstadt des Ostens", wie Insterburg einmal hieß. Der Bedeutung der Bahnen angemessen, hat das Bahnhofsgebäude Insterburg mit angebautem Wohnhaus respektable Größe erhalten. Erbaut vor der Jahrhundertwende, aufgenommen um 1910.

Bajohren als „nördlichster Bahnhof" des früheren deutschen Reichsgebietes bei Memel hat es verdient, mit einer eigenen Ansichtskarte hier vertreten zu sein. Memel wurde 1875 von der Strecke der Ostbahn aus Tilsit erreicht, während die Verlängerung bis Bajohren erst 1892 zustandekam. Die Verlängerung nach Liebau in Litauen ließ noch länger auf sich warten. Diese Ansichtskarte mit den weißgedeckten Tischen vor dem bretterverkleideten Bahnhofsbau ist im Kriegsjahr 1916 gedruckt worden, daher die schlechtere Qualität der Abbildung.

Nach dem nördlichsten Bahnhof gleich eine besonders weit östliche Station, nämlich der Übergangsbahnhof zwischen Preußen und Rußland seit der Eröffnung der Strecke von Königsberg über Insterburg und Stallupönen nach Eydtkuhnen im Jahre 1860. Vor dem recht romantisch anzusehenden Bahnhofsgebäude steht der „Nord-Express" der Internationalen Schlafwagen-Gesellschaft aus Petersburg, aufgenommen etwa 1905. Der Kartentext selbst, von zwei Mädchen an ihre Cousine in Cöthen geschrieben, ist ebenfalls ein herrliches Zeitdokument: „Wir sind vergangenen Sonntag in Eydtkuhnen gewesen und haben uns auch Rußland angesehen . . ."

Die Stadt Lyck erhielt den ersten Bahnanschluß durch die Ostpreußische Südbahn, die 1868 in ganzer Länge von Königsberg über Preußisch Eylau und Rastenburg bis Lyck eröffnet wurde. Die Ostbahnlinie von Insterburg über Goldap nach Lyck war 1879 fertiggestellt. In seiner ersten Anlage geht der Bahnhof auf diese Zeit zurück, doch ist er nachher noch verschiedentlich umgebaut und erweitert worden. In dieser erst 1942 zum Versand gebrachten Fotokarte sind die Veränderungen recht gut zu erkennen, von denen die wichtigsten zwischen 1910 und 1914 durchgeführt wurden.

Lötzen im Masurischen Seengebiet liegt an der eben genannten Ostpreußischen Südbahn auf halbem Wege zwischen Korschen und Lyck, nicht weit von Rastenburg. Der Bahnhof wurde 1868 errichtet und verkörpert wieder die damals für eine norddeutsche Eisenbahn maßgeblichen architektonischen Grundsätze: zweckmäßiger Ziegelbau mit leicht italienisch-klassizistisch beeinflußter Giebelform, zurückhaltender Schmuck durch eine Werksteinleiste. Bemerkenswert am Bauzustand in dieser Karte aus dem Jahre 1915 ist die neu angelegte Bahnsteigunterführung, nach dem 1905/1906 die Strecken aus Args und Angerburg hinzugekommen waren.

Ein weiterer früher Bau der Preußischen Ostbahn mit romantischem Einschlag ist hier durch den Bahnhof von Allenstein vertreten. 1873 wurde die Bahn von Thorn über Osterode und Allenstein nach Insterburg durchgehend eröffnet, später wurden mehrere Zweigbahnen eingeführt. Das fünfgliedrige Gebäude wurde in Seitenlage errichtet. Bemerkenswert an dieser Karte ist die auf der Bildseite angebrachte Germania-Briefmarke mit einem Überdruck anläßlich der Volksabstimmung im April 1920.

Schmentau im Kreis Marienwerder (Westpreußen) liegt an der klassischen Ostbahnstrecke Bromberg – Laskowitz – Dirschau, die 1852 eröffnet wurde. Als man um die Jahrhundertwende die Verbindungsbahn von Preußisch Stargard über Skurz nach Schmentau sowie eine Strecke an die Oder baute, wurde in Schmentau dieses gefällige Bahnhofsgebäude neu aufgeführt, das den hellen Bürgerhausstil der spätwilhelminischen Zeit verkörpert. Im September 1905 ist diese Karte nach Danzig gegangen.

Von Deutsch Eylau mit der Ostbahnstrecke Thorn – Osterode – Allenstein ist hier nicht der Hauptbahnhof, sondern der Stadtbahnhof an der Marienburg-Mlawkaer Eisenbahn aus dem Jahre 1876 gezeigt. Da diese Bahngesellschaft, die 1903 in die Preußische Staatsbahn übernommen wurde, auch den Hauptbahnhof von Deutsch Eylau mitbenutzte, konnte der Stadtbahnhof recht klein ausfallen. Wieder ein typischer Backsteinbau der siebziger Jahre des vorigen Jahrhunderts mit symmetrischem Aufbau und dem flachen Dach.

Als eine Prototype der Bahnhofsbauten der Preußischen Ostbahn kann man das Empfangsgebäude von Marienwerder in Ostpreußen bezeichnen, denn in formaler Hinsicht läßt sich an diesem spätromantisch beeinflußten Bau all das feststellen, was auch die Bauten in Allenstein, Eydtkuhnen, Preußisch Stargard, Kreuz oder anderswo bestimmt hat: die Gliederung des Ziegelmauerwerks, die Proportionen der Räume, Form und Neigung der Dächer, aber auch der Bauschmuck bis hin zur schwergewichtigen Uhr.

Die Stadt Thorn an der Weichsel wurde 1861 von einer Ostbahnstrecke aus Bromberg angefahren, die – 1862 bis zur Grenze bei Otlotschin verlängert – eine Verbindung mit dem damals russischen Warschau herstellen wollte. Die Strecke nach Nordosten zu den ostpreußischen Städten Allenstein und Osterode kam dagegen erst ein Jahrzehnt später an die Reihe, und der letzte Teil in Thorn zwischen dem Hauptbahnhof und Mocker, an welchem der hier gezeigte Stadtbahnhof liegt, wurde erst 1873 in Betrieb genommen. Das Empfangsgebäude im gotisierenden romantischen Stil ist recht ausladend, dagegen sind die Gleisanlagen klein, weil die anderen Thorner Bahnhöfe die Zugbildungsaufgaben besorgten. Ansicht aus dem Jahre 1900.

Eine düstere Mondkarte, die aber erst 1916 mit der Post geschickt worden ist, stellt uns den Hauptbahnhof von Thorn vor. Der erste Bahnhof dort wurde in Fachwerkbauweise 1861–1862 mit der Strecke von Bromberg nach Otlotschin im Auftrag der Ostbahn erbaut. Dieser zweite Bahnhof kam mit dem Bau der Strecke nach Ostpreußen zur Ausführung, zumal 1873 auch die Oberschlesische Eisenbahn von Gnesen nach Thorn gelangte und man zugleich nach Mocker und Deutsch Eylau seitens der Ostbahn weiterbaute.

Unweit von Schwetz an der Weichsel liegt der kleine westpreußische Bahnknotenpunkt Laskowitz an den dort sich kreuzenden Bahnstrekken Bromberg – Dirschau und Konitz – Graudenz. Die erstgenannte Strecke der Ostbahn ist 1852, der Zweig nach Graudenz 1879 und der Zweig nach Konitz 1883 in Betrieb genommen worden. Der Bahnhof ist ursprünglich nur als bescheidene Zwischenstation entworfen gewesen und hat daher nicht den auffälligen romantischen Schmuck vieler anderer Ostbahnbauten. Diese Karte stammt aus der Zeit der Jahrhundertwende.

Recht spät wurde Graudenz an der Weichsel in das westpreußische Eisenbahnnetz einbezogen: 1878–1879 hat man die Querverbindung Laskowitz – Graudenz – Jablonowo (Goßlershausen) zwischen zwei Strecken der Ostbahn in ostwestlicher Richtung erbaut, und 1882–1883 folgte, nun bereits durch die Preußische Staatsbahn, die von Nord nach Süd verlegte Strecke Marienburg – Graudenz – Thorn. Graudenz erhielt damals einen Kreuzungsbahnhof für vier Bahnarme mit dem hier gezeigten Empfangsgebäude, bei dem man noch immer nicht ohne eine vorgesetzte gotische Fassade auskommen konnte. Ansicht mit Straßenbahn von 1910.

Wir nähern uns nun dem Gebiet, in welchem auch die Oberschlesische Eisenbahn vor einem Jahrhundert danach getrachtet hat, ihre Fernverbindung zwischen der Ostsee und der Adria zu realisieren. Die Anschlußstrecke von Hohensalza (Inowratzlaw) zur Ostbahn nach Bromberg wurde 1873 eröffnet, und mit ihr auch dieser Bahnhof von Hopfengarten, 13 km südlich von Bromberg. Wieder ein klassischer Landbahnhof des Ostens aus den siebziger Jahren, Ausdruck auch des schnellen Bauens nach vorgefertigten Plänen. Die sehr deutliche Lichtdruck-Karte ist an einem Sommertag um das Jahr 1908 aufgenommen worden.

Bahnhof und Ortschaft Schulitz liegen am südlichen Weichselufer zwischen Bromberg und Thorn an dieser 1861 eröffneten Ostbahnstrecke; eine Hafenbahn zum Flußufer bringt ein wenig Abwechslung im Betrieb der kleinen Durchgangsstation hervor. In dieser Karte aus dem Jahre 1905 kommen die Holzschnitzereien am Dach des alten Gebäudes gut zur Geltung. Auch diese symmetrische Anlage mit der Gaststätte links darf als Prototype der Zeit bezeichnet werden; in einem Musterbuch von 1870 ist sie als solche enthalten.

Vandsburg an der Grenze zwischen Westpreußen und der Provinz Posen wurde zuerst mit der Nebenbahn von Konitz nach Nakel an das preußische Eisenbahnnetz angeschlossen. Das war 1894. Eine Strecke von Flatow an der Ostbahn über Kujahn nach Vandsburg wurde 1906 eröffnet und 1909 bis Terespol verlängert, so daß der Ort zum Nebenbahnknotenpunkt heranwuchs. Das neue Empfangsbauwerk im Eisenbahnstil der Nach-Jahrhundertwende mit entsprechendem Wasserturm und Güterschuppen ist Ausdruck der letzten Jahre, in denen die Eisenbahn in Preußen noch das Transportmonopol besessen hat. Versand der Ansichtskarte im Ersten Weltkrieg.

Eine weitere ländliche Knotenpunktstation bildete sich in Wreschen östlich von Posen heraus. Die erste Strecke dort wurde von der Oels-Gnesener Eisenbahn 1875 in nordsüdlicher Richtung eröffnet; diese Bahn wurde 1886 verstaatlicht. Das schlichte Ziegelgebäude stammt aus dieser Zeit. Im folgenden Jahre wurde die westöstliche Strecke von Posen über Wreschen nach Stalkowo in Richtung auf Konin, Kutno und Warschau eröffnet, die aber noch lange Zeit ohne große Bedeutung geblieben ist. Diese Ansichtskarte zeigt den Zustand des Bahnhofes Wreschen kurz nach der Jahrhundertwende.

Einen schönen Blick über den Zentralbahnhof von Posen gestattet diese Ansichtskarte aus der Zeit um 1910. Den ersten Bahnhof dort hatte die Stargard-Posener Eisenbahn 1848 erbaut, doch die Fülle der in den nächsten Jahren eintreffenden Bahnlinien verlangte schließlich eine vollkommene Umgestaltung der Bahnanlagen: 1857 kam die Oberschlesische Eisenbahn von Breslau und Lissa heran, 1870 die Märkisch-Posener Bahn aus Frankfurt an der Oder, 1872 die Verlängerung der Oberschlesischen Bahn nach Gnesen und Bromberg, 1875 die Posen-Kreuzburger und schließlich 1879 die Route der Ostbahn von Neustettin und Schneidemühl nach Posen. 1882 war dieser Bau fertiggestellt.

Wollstein im Posener Land war ursprünglich, wie die beiden Entfernungsangaben am Empfangsgebäude erkennen lassen, Durchgangsstation an der Strecke Bentschen – Wollstein – Lissa. Der erste Abschnitt von Bentschen nach Wollstein wurde 1886 in Betrieb genommen, doch die Fertigstellung über Luschwitz nach Lissa dauerte bis 1895. Nach der Jahrhundertwende kamen weitere Bahnen zur Erschließung des Obra-Bruches hinzu, die dem Bahnhof vermehrte Aufgaben brachten. Diese Karte ist um 1908 herausgekommen.

ZWANZIGSTES KAPITEL:

Endstation Schlesien

Frankfurt a. O. — Glogau — Liegnitz — Breslau — Oppeln
Gleiwitz — Kattowitz — Schweidnitz
Königszelt — Bad Flinsberg

Die Mehrzahl der Bahnbauten, die wir im letzten Kapitel kennenlernen werden, sind von zwei Gesellschaften erbaut worden, die schon früh unter den Einfluß des preußischen Staates gekommen sind: Niederschlesisch-Märkische Eisenbahn und Oberschlesische Eisenbahn haben den Anschluß von Breslau an Berlin und die Erschließung des Industriereviers in erster Linie besorgt. Um den Anschluß zum vorangegangenen Kapitel nicht zu verlieren, beginnt unsere Reise in Frankfurt an der Oder und Neu Bentschen schon vor den Toren Niederschlesiens. Neben den Großstadtbahnhöfen, von denen die Deutsche Reichsbahn zwischen 1925 und 1935 eine ganze Reihe erneuerte, fallen hier besonders die zahlreichen Ausflugsbahnhöfe am Riesengebirge ins Auge, die zumeist erst um die Jahrhundertwende entstanden sind.
Noch viel mehr Bahnhöfe aus Schlesien hätten es verdient, hier in Ansichtskartenbildern vorgestellt zu werden, doch die ausgewählten Beispiele müssen genügen:
Fünfhundert deutsche Bahnhöfe stehen in diesem Buch für insgesamt über fünfzehntausend Bauten von Empfangsgebäuden, die seit 1835 in Deutschland errichtet worden sind.
Kaum die Hälfte von ihnen ist noch vorhanden.

Mit einer recht alten Karte aus Frankfurt an der Oder von 1898 beginnt die Fahrt nach der Provinz Schlesien, denn die Berlin-Frankfurter Eisenbahn, 1842 eröffnet, wurde schon 1845 von der Niederschlesisch-Märkischen Bahn übernommen und 1846 bereits bis Kohlfurt und Bunzlau verlängert. Die Preußische Ostbahn schloß 1857 in Frankfurt aus Richtung Kreuz an, die Märkisch-Posener Bahn 1870 und die Cottbus-Großenhainer 1876.

Wesentlich heller und klarer, als die Außenansicht es vermuten läßt, ist die Gestaltung des Wartesaales in Frankfurt an der Oder ausgefallen. Fahrplan und Bahnhofsuhr bestimmen eine Wand. Bald darauf baute man aber noch wesentlich sachlicher ohne Stuckleisten und Schnörkel. Die Karte hat der Inhaber der Bahnhofswirtschaft, Max Spieß, bald nach der Eröffnung herausgegeben; 1928 wurde die 4. Klasse abgeschafft.

Bahnhof Frankfurt (Oder). Wartesaal III. u. IV. Klasse.

Frankfürt a. d. Oder. Bahnhof

Zu einem Bahnhofsneubau in Frankfurt an der Oder kam es allerdings erst nach dem Weltkrieg in den zwanziger Jahren, nachdem durch die neuen Grenzen im Osten sich auch die Verkehrsströme stark verändert hatten. 1924–1926 baute man dieses noch stark im Historismus verhaftete Gebäude im neubarocken Stil, hinter welchem zwei große eiserne Hallen von 178 m Länge und jeweils 20 m Breite liegen. Die Ansicht ist um 1932 herausgebracht worden.

Ein Bahnhofsbau, der durch die Folgen des Ersten Weltkrieges erforderlich wurde, ist von der Reichsbahn in Neu Bentschen ausgeführt worden. Gewisse neubarocke Ornamente über dem Eingang sind auch an diesem Bau aus den zwanziger Jahren feststellbar, doch wirkt das Bauwerk zeitgemäßer als jenes in Frankfurt an der Oder. Eröffnet 1925. Bahnhof und Ortschaft Neu Bentschen entstanden an der Grenze zwischen den Provinzen Brandenburg und Posen.

Einen modernen Bahnhof im Stil des Bauhauses erhielt Glogau an der Oder zu Beginn der dreißiger Jahre; eröffnet 1935. Die Stadt hatte damals etwa 30 000 Einwohner. Glogau wurde 1846 mit der „Niederschlesischen Zweigbahn" aus Hansdorf bei Sagan an die Niederschlesisch-Märkische Bahn angeschlossen, 1858 von Lissa an das Netz der Oberschlesischen Eisenbahn. Erst 1871 kam die Strecke der Breslau-Schweidnitz-Freiburger Eisenbahn von Liegnitz über Rauthen und Glogau nach Rothenburg, 1874 bis Reppen, zustande. Diese Postkartenansicht datiert von 1936.

Ein weiterer neubarocker Bau in Schlesien, aber bereits kurz vor dem Ersten Weltkrieg zur Ausführung gebracht: Bahnhof Sagan im Bobertal, hier in einer Ansicht aus den Jahren um 1916. Erste Bahnstrecke in Sagan war wieder die Niederschlesische Zweigbahn von Hansdorf nach Glogau an der Breslau-Schweidnitz-Freiburger Bahn, dann kamen 1871 die Strecke von Sorau und 1875 endlich die Fernstrecke von Gassen (bei Sommerfeld) über Sagan nach Arnsdorf zustande.

Haynau in Schlesien ist an dem 1845 eröffneten Streckenteil der Niederschlesisch-Märkischen Bahn von Bunzlau über Arnsdorf nach Liegnitz gelegen. Um die Jahrhundertwende wurde dieser neue Bahnhof mit der betonten Eingangshalle und den aus der Renaissance entlehnten Verzierungen errichtet, und 1906 wurde hier die Nebenbahn Goldberg – Haynau – Reisicht eröffnet.

Ein besonders markanter Neubau der Reichsbahnzeit ist 1927–1929 in Liegnitz errichtet worden. In einer auffälligen Mischung von prämodern sachlichem Bauen mit Dekorationstechniken des Jugendstils ist dieses Empfangsgebäude ausgeführt worden, dessen markante Stahlbauhalle an den Berliner Bahnhof Friedrichstraße erinnert. Die Ansichtskarte aus den dreißiger Jahren zeigt noch einen recht unfertigen Bahnhofsvorplatz. Die Strecke Liegnitz – Breslau ist 1844 die erste Linie der Niederschlesisch-Märkischen Eisenbahn überhaupt gewesen; 1846 war sie bis Frankfurt an der Oder (über Kohlfurt und Sommerfeld) fertiggestellt. Bald darauf kreuzte die Breslau-Schweidnitz-Freiburger Bahn in Liegnitz.

Eines der bedeutendsten Beispiele für den romantischen „Tudor-Stil" nach dem Vorbild englischer und schottischer Schlösser bildete der Breslauer Hauptbahnhof, vor 1860 eröffnet. Besonders bedeutsam ist die eigenwillige Ausbildung des Mittelbaues mit den beiden Türmen. Als Architekt wird W. Grapow genannt. Bereits um die Jahrhundertwende galt die Anlage als zu klein; 1914 wurden hier an vier Bahnsteigen täglich zweihundert Züge abgefertigt. Diese Ansicht wurde 1915 verkauft.

Dieser sehenswerte Bahnhof ist heute äußerlich noch unverändert. Die weitläufigen Räumlichkeiten des Hauptbahnhofes von Breslau erschlossen ab 1905 auch eine parallel zu den (in dieser Abbildung links liegenden) Gleisen angeordnete neue „Verkehrs-Halle", die in einer 1916 beförderten Karte dargestellt ist. Höhe 12,8 m, Breite 12,5 m. Die filigrane Eisenkonstruktion des Daches fällt ebenso ins Auge wie das dekorative Hinweisschild zu allen wichtigen Örtlichkeiten.

Die Breslau-Schweidnitz-Freiburger Eisenbahn eröffnete ihre Stammstrecke in den Jahren 1843 und 1844. Als diese Gesellschaft ab 1869 auch nordwärts in Richtung Raudten, Glogau, Rothenburg und Reppen sich ausdehnte, mußte sie ihren ersten Bau in Breslau durch dieses auffällige Gebäude ersetzen, das noch heute in wenig veränderter Form zu sehen ist. Die Bildkarte von 1914 ist durch einmontierte Automobile ein wenig verfremdet.

Hausputz am Bahnhof Brockau hat der Fotograf dieser Ansichtskarte in den Jahren um 1914 abgelichtet; mit mehreren Leitern ist man am Werk. Brockau mit seinem großen Verschiebebahnhof liegt im Süden von Breslau an der zwischen 1871 und 1874 erbauten Strecke über Strehlen und Kamenz nach Glatz, welche die Oberschlesische Eisenbahn eingerichtet hat. Dieser Bahnhofsbau dürfte erst einige Jahre nach Eröffnung der Strecke erbaut worden sein.

In Oppeln war der zur Jahrhundertwende begonnene Bahnhofsumbau mit Errichtung eines neuen eklektizistischen Empfangsgebäudes im Jahre 1903 noch nicht beendet, als der Fotograf dieser Lichtdruckkarte für den Verlag Wilhelm Kunert mit seinem Apparat anrückte: Man sieht, daß der Dachdecker mit seiner Arbeit noch nicht fertig ist, und daß allerhand Baugeräte noch weggebracht werden müssen. Mit seiner überproportionierten Eingangshalle läßt dieser Bau an Essen oder Gelsenkirchen denken. Auch das Bahnhofsgebäude in diesem Knotenpunkt Oberschlesiens ist heute noch in kaum veränderter Form vorhanden.

Einen ausgesprochen prämodernen Neubau errichtete die Preußische Staatsbahn vor dem Ersten Weltkrieg in Gleiwitz, nachdem der erste Bahnhof aus der Zeit der Oberschlesischen Eisenbahn nicht mehr den Anforderungen genügte. Die erste Eisenbahnstrecke in Gleiwitz war 1845 aus Oppeln nach Schwientochlowitz erbaut worden; 1872 war die Verbindung Gleiwitz – Königshütte entstanden. Bis zur Jahrhundertwende war das Eisenbahnnetz in Oberschlesien dicht gewebt. Die farbige Ansichtskarte mit der modernen Straßenbahn ist erst 1931 abgestempelt worden.

Die Stadt und der Bahnhof von Kattowitz sind 1922 an Polen gelangt. Die bedeutende Industriestadt wurde bereits 1846 von dem ersten Zug der Oberschlesischen Eisenbahn aus Schwientochlowitz angefahren; 1847 ging es weiter nach Myslowitz und Österreich. Strecken nach Sosnowitz, Idaweiche (Wilhelmsbahn) und Beuthen kamen hinzu. Es mußte daher vor der Jahrhundertwende ein Bahnhofs-Neubau errichtet werden, dessen Formen stark an damalige französische Architektur erinnern, und die noch schwach von der Neurenaissance bestimmt sind. Die Ansichtskarte wurde 1914 beschriftet.

KATTOWITZ O.-S. — Bahnhof

Eine eigene Geschichte hat der Bahnhof Bad Ziegenhals: Die kurze Stichstrecke von der durchgehenden Bahn aus Neiße über Deutsch Wette und Langendorf nach Freiwaldau ist am Vorabend des Ersten Weltkrieges, am 1. Mai 1914, aus Richtung Ziegenhals Hauptbahnhof eröffnet worden. Zwischen Bahnhof Bad und Hauptbahnhof sah der Fahrplan der Preußischen Staatsbahn einen Triebwagen-Pendelverkehr vor, der hier auf einer Karte aus dem Eröffnungsjahr durch den preußischen Benzoltriebwagen versehen wird. Das Fachwerkhaus ist bescheiden und gefällig ab 1912 erbaut worden.

Im Glatzer Bergland an der Seitenstrecke Rengersdorf – Seitenberg der Strecke von Glatz nach Mittelwalde aus dem Jahre 1875 liegt der Ausflugsort Bad Landeck, 1897 an das Netz der Preußischen Staatsbahn angeschlossen. Die Ansichtskarte, die noch einmal den Bildausschnitt in Form eines Eisenbahnsignals wählt, wurde etwa 1902 herausgebracht. Pferdekutschen in großer Zahl warten vor dem Empfangsgebäude auf Fahrgäste, das wieder die verspielte Kurhaus-Architektur der Zeit um die Jahrhundertwende verkörpert.

Wie schon der Name sagt, ist auch Charlottenbrunn der Bahnhof eines schlesischen Bades und Kurortes. Die Station liegt an dem 1880 eröffneten Streckenabschnitt Dittersbach – Neurode auf dem Wege nach Glatz, den die Niederschlesisch-Märkische Eisenbahn erbaut hat. Als die Aufnahme zu dieser Postkarte entstand, war gerade die ergänzende Linie von Charlottenbrunn nach Schweidnitz fertiggestellt, die am 1. Oktober 1904 eröffnet worden ist. Die Gleise links mit den frisch angehäuften Schotterbergen deuten darauf hin.

Der Name von Schweidnitz ist in der Eisenbahngeschichte verbunden mit der Breslau-Schweidnitz-Freiburger Bahn. Die Stadt an der Weistritz ist von der Eisenbahn aus Breslau über Königszelt im Jahre 1844 erreicht worden. Mit dem Ausbau der Gleisanlagen zum Übergangsbahnhof für die Nebenbahnen nach Ströbel und Koberwitz (1898) sowie nach Charlottenbrunn (1904) erhielt auch Schweidnitz ein neues Empfangsgebäude im historisierenden Stil: breite Rundbogenfenster wie die Bürgerhäuser der Zeit, aber dazu ein vorgesetzter Treppengiebel von mittelalterlichem Zuschnitt. Ansicht aus der Zeit um 1914, Neubau ab 1937.

Im Siebenjährigen Krieg zwischen Preußen und Österreich stand an der Stelle, wo 7 Jahre später der Bahnhof von Königszelt errichtet worden ist, das Zelt Friedrichs des Großen im Lager Bunzelwitz. Der Verleger dieser national eingefärbten Ansichtskarte aus dem Ersten Weltkrieg setzte daher über das Stationsgebäude ein Abbild des Königs und ließ einen Doppeldecker einkopieren, denn das Gut der Richthofens lag auch nicht weit entfernt. Bei dem Bahnhof Königszelt handelt es sich wieder um ein Inselgebäude, das die Breslau-Schweidnitz-Freiburger Bahn im Schnittpunkt ihrer Strecken von Breslau und Freiburg (1843) sowie von Schweidnitz (1844) und Striegau (1856) nach Fertigstellung der letzteren im romantischen Stil errichtete; hier fuhr man im Richtungsbetrieb. 1926 umgebaut.

Die Station Hermsdorf Bad befindet sich im Südwesten von Liegnitz an der Verzweigung der Bahnstrecken nach Löwenberg und Merzdorf. Von Liegnitz nach Goldberg konnte man 1884, von Goldberg nach Hermsdorf und Schönau aber erst 1894 mit der Eisenbahn fahren. Die Zweigstrecke nach Neudorf und Löwenberg wurde 1896 fertiggestellt. Zu dieser Zeit, als das Empfangsgebäude im preußischen Kurhausstil eben eröffnet und die Gleise noch nicht endgültig verlegt waren, entstand die Aufnahme zu dieser Karte.

Der „beliebte Ausflugsort Lähn", wie es auf der Rückseite durch den Wirt des Gasthauses zur Lehnhausburg heißt, wurde recht spät durch die Bahnstrecke Löwenberg – Hirschberg an das mitteleuropäische Eisenbahnnetz angeschlossen: die Bahn durch das Bobertal wurde nämlich in den Jahren 1906 bis 1909 erbaut, und der hier vor dem Eintreffen des ersten Zuges abgelichtete Bahnhof Lähn mit seinen leeren Spalierlatten verkörpert einen gewissen von der Staatsbahn umgesetzten Heimatstil.

Der geräumige „Hauptbahnhof" von Bad Flinsberg gehörte der Isergebirgsbahn, die 1909 den Betrieb zwischen Friedeberg (an der Staatsbahnstrecke Greiffenberg – Friedeberg – Heinersdorf, eröffnet in Abschnitten 1884 und 1904) und dem Radium-Kurort im Queistal aufgenommen hatte. Auch diese Bahn gehörte zum Becker-Konzern in Berlin. Der Bau ist im selben Stil errichtet, der die damals ausgeführten Villen kennzeichnet. Die Karte ist 1913 abgestempelt.

Marklissa am Queis ist Endpunkt einer Gebirgsbahn von Lauban, die 1896 eröffnet und in den zwanziger Jahren auf elektrischen Betrieb umgestellt worden ist. Karte von 1912. Dieser Staatsbahnbau verkörpert zusammen mit den für den Fotografen versammelten Personen beispielhaft noch einmal sämtliche Eindrücke, die eine klassische Bahnhofspostkarte aus der Zeit zwischen 1900 und 1940 dem Betrachter von heute vermittelt.
Aus diesem Grund steht sie am Schluß unserer Reise.